KB190304

여름꽃

생태 사진작가 문순화
동북아식물연구소장 현진오

교학사

책을 펴내며

'아름다운 우리 꽃' 시리즈를 낸 후 여러 사람들로부터, 야외에 들고 다니며 볼 수 있는 도감을 내 달라는 주문을 받았으나 차일피일 출간을 미루다가 교학사 미니 가이드 시리즈로서 그 빛을 보게 되었다.

이 책에서는 외국에서 들어온 귀화 식물이나 외래 식물은 포함시키지 않았으며, 꽃이 아름다워 사람들의 관심을 끌 만한 자생 식물을 대상으로 하였다. 우리 산하에 애초부터 자라던 아름다운 꽃들에만 초점을 맞춘 것은 나의 한계임이 분명하지만, 또 어쩌면 자생 식물이 온전히 이 땅에 살아남기 위해서는 더욱 많은 이들의 관심을 불러일으켜야 한다는 속내를 드러낸 것인지도 모른다. 우리 것을 고집하는 편협한 마음이라 읽지 마시고, 우리 것을 제대로 알아야만 지킬 수 있다는 신념으로 받아들여 주시기 바란다.

이 책을 통해서 이제 막 식물에 관심을 가지기 시작한 분들이 우리 식물들과 조금씩 친해지는 재미를 느낄 수 있기를 바란다. 또, 우리 꽃에 대한 지식이 높은 분들도 식물을 다시 한 번 명확히 확인하는 기회가 된다면 나에게는 큰 보람이다.

전공자로서 최선을 다했으나, 식물 분류학에서 다루어야 하는 수많은 식물군들 모두에 대해 정통할 수는 없는 것이므로, 이 분야 전문가들의 의견을 겸허하게 받아들일 것이다. 이런 이유로 사진 한 장 한 장에 촬영 날짜와 장소를 명확하게 기록해 두었다. 그리고 이것은 이 책의 사진을 맡아 주신 문순화 선생님의 현장 기록을 보존하는 일이기도 하여 뜻이 더욱 크다고 믿는다.

불모지나 다름없던 생물종 관련 도서 출판 분야를 오랜 기간 주도해 온 교학사에 누가 되지 않는 시리즈가 되었으면 하는 바람이다.

2004년 여름 현진오

차 례

9

일러두기

1. 이 책은 우리 나라 산과 들에 저절로 자라는 풀과 나무, 즉 자생 식물 가운데 여름에 꽃이 피는 256가지를 수록했다. 북부 지방에 자라서 쉽게 볼 수는 없지만, 우리의 귀중한 식물 자원으로서 가치가 높은 북부 지방의 자생 식물들도 포함시켰다. 하지만, 외국에서 들어온 후 토착화한 귀화 식물이나 원예 또는 식용 등의 목적으로 심어 기르는 나무와 풀은 제외했다.

2. 식물의 배열 순서는 양치 식물을 포함하여 모든 관속 식물의 진화적 유연 관계를 반영하여 배열한 엥글러의 분류 체계를 따랐다. 다만 독자들이 찾기 쉽도록 과(科) 내에서는 속(屬)과 종(種)의 배열 순서를 알파벳순으로 했다.

3. 학명은 국내외 학자들의 최신 연구 결과를 수용했다. 필자의 견해를 조심스레 밝힌 것도 있지만, 이 경우에도 신조합 등 새로운 분류학적 처리는 가급적 유보하고 국내외 학자의 기존 견해 가운데 필자의 생각과 가장 가까운 것을 채택했다.

4. 식물의 특징에 대해서는 독자들이 이해하기 쉬운 말과 문장으로 쓰려고 노력했다. 그럼에도 불구하고 아직도 어렵고 낯선 용어들에 대해서는 부록 식물 용어 해설(276~285쪽)에서 밝힘으로써 필요할 때 참고할 수 있게 했다.

5. 사진은 부득이한 몇몇 종을 제외하고는 자생지에서 식물 생태 사진 전문가에 의해 촬영된 것을 사용했다. 고도 등 환경이 다른 곳에 이식된 경우 식물은 외형, 개화기 등이 자생지에서와는 달라질 수 있다는 점을 고려했기 때문이다.

6. 사진을 촬영한 장소와 날짜를 밝힘으로써, 현재의 지식으로 바르게 동정(同定)하지 못했을 경우에 대비했다. 다른 연구자들에게 필요한 정보를 제공하는 효과도 있을 것이다. 다만, 멸종 위기에 처한 몇몇 종은 촬영 장소를 정확히 밝히지 않았다.

7. 참고난에는 식물 이름의 유래 등을 밝혀 식물을 익히는 데 도움이 되도록 했다. 그 동안 한국 특산으로 잘못 알려져 왔거나 학명에 우리 나라를 뜻하는 단어가 있어서 특산 식물로 오해할 여지가 있는 식물에 대해서는 국외 분포를 밝혔다.

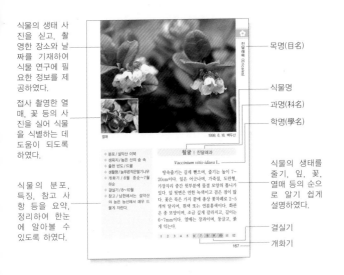

식물의 생태 사진을 싣고, 촬영한 장소와 날짜를 기재하여 식물 연구에 필요한 정보를 제공하였다.

접사 촬영한 열매, 꽃 등의 사진을 실어 식물을 식별하는 데 도움이 되도록 하였다.

식물의 분포, 특징, 참고 사항 등을 요약, 정리하여 한눈에 알아볼 수 있도록 하였다.

목명(目名)

식물명

과명(科名)

학명(學名)

식물의 생태를 줄기, 잎, 꽃, 열매 등의 순으로 알기 쉽게 설명하였다.

결실기

개화기

진달래목 (Ericales)

열매

1998. 6. 16. 백두산

월귤 | 진달래과

Vaccinium vitis-idaea L.

방속줄기는 길게 뻗으며, 줄기는 높이 7~20cm이다. 잎은 어긋나며, 가죽질, 도란형, 가장자리 중간 윗부분에 물결 모양의 톱니가 있다. 잎 뒷면은 연한 녹색이고 검은 점이 많다. 꽃은 묵은 가지 끝에 총상 꽃차례로 2~5개씩 달리며, 흰색 또는 연분홍색이다. 화관은 종 모양이며, 조금 깊게 갈라지고, 길이는 6~7mm이다. 열매는 장과이며, 둥글고, 붉게 익는다.

1 2 3 4 5 6 7 **8 9 10** 11 12

167

13

1989. 9. 18. 한라산

구상나무 | 소나무과

Abies koreana E.H. Wilson

줄기는 높이 20m에 이른다. 햇가지에 달린 잎은 선형이고 끝이 오목하게 들어가며 흰빛이 돈다. 열매가 달리는 가지의 잎은 조금 작으며, 끝이 뾰족하다. 꽃은 암수 한그루로 핀다. 수꽃차례는 길이 1cm, 암꽃차례는 짙은 자주색이고 길이 2cm쯤이다. 열매는 길이 5~10cm, 위를 향해 달린다. 열매의 포조각 끝부분은 뾰족하고 뒤로 젖혀진다.

| 1 | 2 | 3 | 4 | 5 | 6 | 7 | 8 | 9 | 10 | 11 | 12 |

◆ 분포 / 한라산, 지리산, 가야산, 덕유산
◆ 생육지 / 고산 지대
◆ 출현 빈도 / 드묾
◆ 생활형 / 늘푸른큰키나무
◆ 개화기 / 5월 초순~6월 중순
◆ 결실기 / 9~10월
◆ 참고 / 우리 나라 특산 식물이다. '분비나무'에 비해서 남부 지방 고산에 분포하며, 열매의 포조각 끝이 뒤로 젖혀지는 것이 다르다.

14

1989. 7. 17. 설악산

쐐기풀목 (Urticales)

◆ 분포 / 전국
◆ 생육지 / 산자락 계곡, 숲 가장자리
◆ 출현 빈도 / 흔함
◆ 생활형 / 갈잎떨기나무
◆ 개화기 / 7월 초순~8월 하순
◆ 결실기 / 10월
◆ 참고 / 줄기의 위쪽이 겨울에 죽으므로 풀의 성질을 가진 나무라고 할 수 있다. 수꽃차례는 위쪽, 암꽃차례는 아래쪽에 달린다.

좀깨잎나무 | 쐐기풀과

Boehmeria spicata (Thunb.) Thunb.

줄기는 높이 50~100cm이며, 보통 붉은빛을 띤다. 줄기 아래쪽은 겨울에도 죽지 않는다. 잎은 마주나며, 둥근 마름모꼴이고, 끝이 갑자기 뾰족해진다. 잎 가장자리는 큰 톱니가 있으며, 양 면에 짧은 털이 난다. 꽃은 암수한그루로 피며, 노란빛이 도는 녹색이다. 열매는 수과이며, 여러 개가 둥글게 모여 달린다.

1	2	3	4	5	6	7	8	9	10	11	12

15

단향목 (Santalales)

1995. 7. 16. 강원도 응복산

열매

꼬리겨우살이 | 겨우살이과

Hyphear tanakae (Franch. et Sav.)
Hosok.

참나무류와 밤나무에 기생한다. 가지는 Y
자 모양으로 갈라지고, 윤이 조금 나며, 겨울
이 지나면 껍질이 벗겨진다. 잎은 마주나며,
주걱 모양의 긴 타원형이다. 꽃은 가지 끝에
이삭 꽃차례로 달리고, 녹색이 도는 노란색이
다. 꽃자루는 없다. 씨방은 화피 밑에 붙는다.
열매는 장과이며, 둥글고, 노랗게 익는다.

| 1 | 2 | 3 | 4 | 5 | 6 | 7 | 8 | 9 | 10 | 11 | 12 |

◆ 분포 / 평안도 이남
◆ 생육지 / 숲 속
◆ 출현 빈도 / 드묾
◆ 생활형 / 갈잎떨기나무
◆ 개화기 / 6월 초순~7월
  중순
◆ 결실기 / 9~11월
◆ 참고 / '겨우살이'에 비해서
  매우 드물게 발견되며, 겨
  울에 잎이 모두 떨어지고,
  꽃은 이삭 꽃차례로 달리
  므로 구분된다.

1996. 7. 8. 설악산

◆ 분포 / 전국
◆ 생육지 / 높은 산의 양지
◆ 출현 빈도 / 비교적 흔함
◆ 생활형 / 여러해살이풀
◆ 개화기 / 6월 초순~8월 중순
◆ 결실기 / 9~10월
◆ 참고 / 우리 나라에 자라는 범꼬리속 식물 가운데 중부 지방 이남에서 가장 흔하게 발견되는 식물이다.

범꼬리 | 마디풀과

Bistorta major S.F. Gray var. *japonica* H. Hara

줄기는 곧추서며, 높이 30~100cm이다. 뿌리잎은 잎자루가 길고, 삼각상 피침형이다. 아래쪽 줄기잎은 뿌리잎과 비슷하지만 작다. 위쪽 줄기잎은 잎자루가 없으며, 밑이 심장 모양이고 줄기를 감싼다. 꽃은 줄기 끝에 이삭 꽃차례로 다닥다닥 달린다. 양성화이다. 화피는 5장이며, 연분홍색 또는 흰색이다. 열매는 수과이며, 세모진다.

1	2	3	4	5	6	7	8	9	10	11	12

붉은호장근

1996. 8. 20. 한라산

호장근 | 마디풀과

Reynoutria japonica Houtt.

줄기는 가지가 갈라지며, 높이 50~150cm, 굵고 단단하지만 속은 빈다. 잎은 어긋나며, 넓은 난형이다. 잎 가장자리와 뒷면 잎줄 위에 털 모양의 돌기가 있다. 꽃은 암수 딴포기로 피며, 가지 끝과 잎겨드랑이에 총상 꽃차례를 이루어 달리고, 흰색이다. 화피는 5갈래로 거의 밑부분까지 갈라진다. 열매는 수과이며, 세모진다.

| 1 | 2 | 3 | 4 | 5 | 6 | 7 | 8 | 9 | 10 | 11 | 12 |

◆ 분포 / 전국
◆ 생육지 / 숲 가장자리
◆ 출현 빈도 / 비교적 드묾
◆ 생활형 / 여러해살이풀
◆ 개화기 / 7월 초순~9월 중순
◆ 결실기 / 9~10월
◆ 참고 / 울릉도에 분포하는 '왕호장근'에 비해서 전체가 작으며, 잎 뒷면이 흰빛을 띠지 않으므로 구분된다. 열매와 꽃이 붉은 색인 것을 '붉은호장근'이라 한다.

18

흰색 꽃

1996. 8. 7. 설악산

◆ 분포 / 제주도를 제외한 전국
◆ 생육지 / 높은 산의 숲 속
◆ 출현 빈도 / 비교적 흔함
◆ 생활형 / 여러해살이풀
◆ 개화기 / 6월 하순~8월 중순
◆ 결실기 / 8~10월
◆ 참고 / 꽃이 흰색인 것이 드물게 발견된다.

동자꽃 | 석죽과

Lychnis cognata Maxim.

줄기는 곧추서며, 높이 40~120cm, 마디가 뚜렷하다. 잎은 마주나며 긴 난형이고, 끝이 뾰족하며 가장자리는 밋밋하다. 잎자루는 없다. 꽃은 줄기 끝과 잎겨드랑이에 난 짧은 꽃자루에 한 개씩 피어 전체가 취산 꽃차례를 이루며, 주황색, 지름 4cm쯤이다. 꽃받침은 긴 곤봉 모양, 끝이 5갈래이다. 꽃잎 안쪽에 작은 비늘조각이 10개 있다. 열매는 삭과이다.

| 1 | 2 | 3 | 4 | 5 | 6 | 7 | 8 | 9 | 10 | 11 | 12 |

중심자목 (Centrospermae)

1995. 7. 24. 백두산

털동자꽃 | 석죽과

Lychnis fulgens Fisch.

줄기는 곧추서며, 높이 30~100cm이다. 잎은 마주나며, 긴 난형으로 잎자루가 없다. 꽃은 줄기 끝과 윗부분의 잎겨드랑이에 취산 꽃차례를 이루어 달리며, 주홍색이다. 꽃자루는 매우 짧다. 꽃잎은 5장, 납작하게 벌어지고, 끝이 깊게 2갈래로 갈라지며, 가장자리에 얕은 톱니가 있다. 열매는 둥근 타원형의 삭과이다.

◆ 분포 / 강원도 이북
◆ 생육지 / 습기가 많은 숲 속
◆ 출현 빈도 / 매우 드묾
◆ 생활형 / 여러해살이풀
◆ 개화기 / 6월 초순~8월 중순
◆ 결실기 / 9~10월
◆ 참고 / 남한에는 분포하지 않는 듯하다.

| 1 | 2 | 3 | 4 | 5 | 6 | 7 | 8 | 9 | 10 | 11 | 12 |

20

2002. 8. 25. 대관령

- ◆ 분포 / 강원도 이북
- ◆ 생육지 / 높은 산의 습지
- ◆ 출현 빈도 / 매우 드묾
- ◆ 생활형 / 여러해살이풀
- ◆ 개화기 / 7월 중순~8월 하순
- ◆ 결실기 / 9~10월
- ◆ 참고 / 남한에서는 대관령 등지에서 발견될 뿐이며 자생지가 거의 없다.

제비동자꽃 | 석죽과

Lychnis wilfordii Maxim.

뿌리는 가늘고 길다. 줄기 높이 50~90cm, 가지가 갈라지기도 한다. 잎은 선상 피침형, 밑이 높아져서 줄기를 조금 감싼다. 꽃은 줄기 끝에 취산 꽃차례로 피며, 진한 붉은색이다. 꽃잎은 5장, 좁은 쐐기 모양에 길이 3cm쯤이며, 깊고 가늘게 갈라진다. 수술은 10개, 암술대는 5개이다. 열매는 긴 타원형의 삭과이며, 끝이 5갈래로 갈라진다.

| 1 | 2 | 3 | 4 | 5 | 6 | 7 | 8 | 9 | 10 | 11 | 12 |

1997. 7. 26. 전라북도 덕유산

가는장구채 | 석죽과

Melandrium seoulense (Nakai) Nakai

뿌리는 줄기가 땅에 닿는 마디에서 난다. 줄기는 길이 30~60cm, 가지가 많이 갈라지고, 밑부분이 옆으로 긴다. 잎은 마주나며, 난형, 끝이 뾰족하다. 잎자루는 짧다. 꽃은 줄기 끝에 취산 꽃차례로 달리며, 흰색 또는 붉은빛이 도는 흰색, 지름 1.2cm쯤이다. 꽃잎은 5장, 끝이 2갈래로 갈라진다. 열매는 삭과이며, 난형이다.

◆ 분포 / 제주도를 제외한 전국
◆ 생육지 / 습하고 그늘진 숲 속
◆ 출현 빈도 / 비교적 흔함
◆ 생활형 / 한해살이풀
◆ 개화기 / 6월 하순~8월 하순
◆ 결실기 / 8~10월
◆ 참고 / 우리 나라에서 처음 채집되어 세상에 알려진 식물이지만 지린성 등 중국에도 분포한다.

| 1 | 2 | 3 | 4 | 5 | 6 | 7 | 8 | 9 | 10 | 11 | 12 |

1988. 8. 1. 한라산

◆ 분포 / 한라산
◆ 생육지 / 고산 지대 풀밭 및
　바위
◆ 출현 빈도 / 매우 드묾
◆ 생활형 / 여러해살이풀
◆ 개화기 / 7월 초순~8월
　하순
◆ 결실기 / 9~10월
◆ 참고 / 한라산에만 자라는
　우리 나라 특산 식물이다.
　설악산 이북에 분포하는
　'가는다리장구채'에 비해
　서 꽃이 크다.

한라장구채 | 석죽과

Silene fasciculata Nakai

　줄기는 여러 대가 모여나며, 높이 10~20cm이다. 잎은 마주나며, 선형이다. 잎 끝은 뾰족하고, 밑은 줄기를 감싸며, 가장자리는 밋밋하다. 꽃은 줄기 끝이나 위쪽 잎겨드랑이에 원추꽃차례로 달리며, 흰색이다. 꽃받침은 통 모양, 길이 1cm쯤이다. 꽃잎은 5장, 끝이 2갈래로 갈라지고, 길이는 꽃받침의 2배쯤이다. 열매는 삭과이며, 긴 타원형이다.

| 1 | 2 | 3 | 4 | 5 | 6 | 7 | 8 | 9 | 10 | 11 | 12 |

23

중심자목 (Centrospermae)

1996. 8. 6. 설악산

가는다리장구채 | 석죽과

Silene jenisseensis Willd.

뿌리는 굵고, 나무질이다. 줄기는 1~5대가
모여나며, 높이 20~50cm, 녹색이고, 털이 없
다. 뿌리잎은 여러 장이 모여나며, 좁은 피침
형 또는 피침상 선형이고, 잎자루가 있다. 줄
기잎은 마주나며, 작고, 잎자루가 없다. 꽃은
줄기 끝과 윗부분의 잎겨드랑이에 1~2개씩
피어 전체가 총상 꽃차례처럼 보이며, 흰색이
다. 열매는 삭과이며, 긴 타원형이다.

| 1 | 2 | 3 | 4 | 5 | 6 | 7 | 8 | 9 | 10 | 11 | 12 |

◆ 분포 / 설악산 이북
◆ 생육지 / 고산 지대의 능선
◆ 출현 빈도 / 매우 드묾
◆ 생활형 / 여러해살이풀
◆ 개화기 / 7월 중순~9월
  초순
◆ 결실기 / 9~10월
◆ 참고 / 남한에서는 설악산
  의 높은 능선에서만 발견
  된다.

24

1988. 9. 5. 한라산   꽃

◆ 분포 / 제주도
◆ 생육지 / 숲 속
◆ 출현 빈도 / 비교적 드묾
◆ 생활형 / 갈잎덩굴나무
◆ 개화기 / 5월 하순~7월
   중순
◆ 결실기 / 9~10월
◆ 참고 / '오미자'에 비해서
   열매가 검게 익고, 오래 된
   줄기 겉에 코르크층이 발달
   하므로 구분된다.

흑오미자 | 목련과

Schisandra repanda (Siebold et Zucc.)
Radlk.

  잎은 어긋나지만 짧은 가지에 몇 장씩 모여
난 것처럼 보이며, 난형 또는 넓은 타원형이
고, 가장자리에 이 모양의 톱니가 있다. 잎자
루는 길이 2~4cm이다. 꽃은 암수 딴그루로
피며, 잎겨드랑이에 밑을 향해 달리고, 흰색
또는 연분홍색이다. 암술이 자라 열매가 될
때는 꽃턱이 2~5cm로 길어져 열매가 이삭처
럼 달린다. 열매는 장과이며, 검게 익는다.

| 1 | 2 | 3 | 4 | 5 | 6 | 7 | 8 | 9 | 10 | 11 | 12 |

25

미나리아재비목 (Ranunculales) — (측면 세로 텍스트)

1996. 7. 11. 설악산

바람꽃 | 미나리아재비과

Anemone narcissiflora L.

뿌리줄기는 굵고, 마른 잎자루가 남아 있다. 뿌리잎은 여러 장이며, 잎자루가 길고, 둥근 심장형, 3갈래로 크게 갈라진 다음 양쪽 갈래는 다시 깊게 2갈래로 갈라진다. 꽃줄기는 뿌리에서 2~3대가 나오며, 높이 20~40cm이다. 꽃은 꽃줄기 끝에 난 3장의 총포잎 위에 몇 개가 우산살 모양으로 달리고, 흰색, 지름 2~3cm이다. 열매는 수과이다.

| 1 | 2 | 3 | 4 | 5 | 6 | 7 | 8 | 9 | 10 | 11 | 12 |

◆ 분포 / 점봉산 이북
◆ 생육지 / 고산 지대의 능선
◆ 출현 빈도 / 드묾
◆ 생활형 / 여러해살이풀
◆ 개화기 / 7월 초순~8월 중순
◆ 결실기 / 9~10월
◆ 참고 / 북방계 식물로서 남한에서는 설악산과 점봉산의 높은 능선에서만 자란다. 우리 나라의 바람꽃속 식물 가운데 가장 늦게 꽃이 핀다.

1997. 7. 15. 백두산

- ◆ 분포 / 북부 지방
- ◆ 생육지 / 높은 산의 숲 속 또는 풀밭
- ◆ 출현 빈도 / 비교적 드묾
- ◆ 생활형 / 여러해살이풀
- ◆ 개화기 / 6월 하순~8월 중순
- ◆ 결실기 / 10월
- ◆ 참고 / 남한에는 분포하지 않는다. '하늘매발톱'이라 고도 하며, 원예 식물로 널 리 재배되고 있다.

산매발톱꽃 | 미나리아재비과

Aquilegia flabellata Siebold et Zucc. var.
pumila (Huth) Kudo

줄기는 곧추서며, 높이 10~40cm이다. 뿌리잎은 몇 장씩 모여나며, 1~2회 3출의 작은 잎으로 된 겹잎이다. 잎 뒷면은 흰빛이 돈다. 꽃은 줄기 끝에서 1개 또는 드물게 2~3개의 꽃자루가 나와 그 끝에 1개씩 밑을 향해 달리며, 하늘색이다. 꽃잎은 5장이다. 열매는 골돌이며, 5개씩 달리고, 털이 없다.

| 1 | 2 | 3 | 4 | 5 | 6 | 7 | 8 | 9 | 10 | 11 | 12 |

2003. 8. 12. 강원도 사명산

사위질빵 | 미나리아재비과

Clematis apiifolia DC.

줄기는 모가 나고 겉에 짧은 털이 나며 길이 3m쯤이다. 잎은 마주나며, 작은잎 3장으로 된 겹잎이다. 꽃은 잎겨드랑이에 원추 꽃차례로 많이 달리며, 흰색이다. 꽃받침은 4~5장, 꽃잎처럼 보이며, 긴 타원형이다. 꽃잎은 없다. 열매는 수과이며, 5~10개씩 모여 달린다. 열매에 남은 암술대는 흰색 또는 연한 갈색의 깃털 모양이다.

◆ 분포 / 전국
◆ 생육지 / 숲 가장자리
◆ 출현 빈도 / 흔함
◆ 생활형 / 갈잎덩굴나무
◆ 개화기 / 6월 중순~9월 초순
◆ 결실기 / 9~11월
◆ 참고 / 줄기가 질기므로 예전에는 질빵을 만들어 사용하였다. '할미밀망'에 비해서 꽃이 작고 많이 달리므로 구분된다.

| 1 | 2 | 3 | 4 | 5 | 6 | 7 | 8 | 9 | 10 | 11 | 12 |

1996. 6. 26. 강원도 금대봉

◆ 분포 / 전국
◆ 생육지 / 높은 산의 숲 속
◆ 출현 빈도 / 비교적 흔함
◆ 생활형 / 갈잎덩굴나무
◆ 개화기 / 6월 하순~8월 중순
◆ 결실기 / 9~11월
◆ 참고 / 우리 나라 특산 식물이다. 꽃받침이 꽃잎처럼 보인다.

누른종덩굴 | 미나리아재비과

Clematis chiisanensis Nakai

　줄기는 길이 1~3m이다. 잎은 마주나며, 작은잎 3장으로 된 겹잎이다. 잎자루가 구부러져서 덩굴손 역할을 한다. 작은잎은 난상 원형, 가장자리에 톱니가 드문드문 있다. 꽃은 가지 끝이나 잎겨드랑이에 난 꽃자루 끝에 밑을 향해 달리며, 노란색이지만 녹색, 갈색 또는 자주색이 돈다. 꽃잎은 주걱 모양, 2~3줄로 붙는다. 열매는 수과이다.

1	2	3	4	5	6	7	8	9	10	11	12

1998. 6. 7. 강원도 가리왕산

요강나물 | 미나리아재비과

Clematis fusca Turcz. var. *coreana* Nakai

줄기는 곧추서며, 높이 30~100cm이다.
잎은 마주나며, 작은잎 3~7장으로 된 겹잎이
지만 위쪽의 것은 홑잎인 경우도 있는 등 변
이가 매우 심하다. 줄기 끝의 잎에 덩굴손이
발달하기도 한다. 꽃은 줄기 끝의 마주난 잎
사이에 한 개씩 달리며, 종 모양, 검은빛이
도는 갈색이다. 꽃받침이 꽃잎처럼 보인다.
열매는 수과이다.

| 1 | 2 | 3 | 4 | 5 | 6 | 7 | 8 | 9 | 10 | 11 | 12 |

◆ 분포 / 강원도, 황해도 등
중부 지방
◆ 생육지 / 높은 산의 숲 속
◆ 출현 빈도 / 비교적 드묾
◆ 생활형 / 여러해살이풀
◆ 개화기 / 5월 하순~7월
중순
◆ 결실기 / 8~10월
◆ 참고 / 우리 나라 특산 식물
이다. 나무의 성질을 조금
가지고 있으며, 줄기는 곧
추서서 자라므로 덩굴지지
않는다.

1996. 6. 30. 백두산

◆ 분포/제주도를 제외한 전국
◆ 생육지/숲 속 또는 숲 가장
 자리
◆ 출현 빈도/드묾
◆ 생활형/갈잎덩굴나무
◆ 개화기 / 5월 하순~6월
 하순
◆ 결실기/8~10월
◆ 참고/분포 지역은 넓은 편
 이지만, 개체 수가 많지 않
 으므로 드물게 발견된다.

종덩굴 | 미나리아재비과

Clematis fusca Turcz. var. *violacea* Maxim.

 줄기는 길이 2~3m, 다른 물체를 타고 올
라간다. 잎은 마주나며, 작은잎 5~7장으로
된 깃꼴겹잎이다. 작은잎은 난형, 가장자리가
밋밋하거나 2~3갈래로 갈라진다. 끝의 작은
잎은 덩굴손으로 변하기도 한다. 꽃은 잎겨드
랑이에 밑을 향해 달리며, 종 모양, 검은빛이
도는 자주색이다. 꽃잎은 없다. 열매는 수과
이며, 넓은 난형이다.

| 1 | 2 | 3 | 4 | 5 | 6 | 7 | 8 | 9 | 10 | 11 | 12 |

1986. 8. 4. 설악산

병조희풀 | 미나리아재비과

Clematis heracleifolia DC.

줄기는 높이 1m쯤, 아래쪽이 나무질로 된
다. 잎은 마주나며, 작은잎 3장으로 된 겹잎
이다. 작은잎은 넓은 난형, 가장자리에 보통
3개의 얕은 결각이 있다. 잎 끝은 뾰족하고,
양 면에 거친 털이 조금 난다. 꽃은 짧은 원
추 꽃차례로 달리며, 하늘색 또는 보라색, 드
물게 흰색이다. 꽃받침이 꽃잎처럼 보인다.
열매는 수과이며, 납작한 타원형이다.

◆ 분포 / 전국
◆ 생육지 / 숲 속
◆ 출현 빈도 / 흔함
◆ 생활형 / 갈잎떨기나무
◆ 개화기 / 7월 초순~8월
   하순
◆ 결실기 / 9~11월
◆ 참고 / 꽃받침 아래쪽이 병
   처럼 볼록해서 이 같은 이
   름이 붙여졌다. '조희풀'이
   라고도 한다.

| 1 | 2 | 3 | 4 | 5 | 6 | 7 | 8 | 9 | 10 | 11 | 12 |

1990. 7. 16. 설악산

◆ 분포 / 중부 이북
◆ 생육지 / 높은 산의 중턱 이상
◆ 출현 빈도 / 드묾
◆ 생활형 / 갈잎덩굴나무
◆ 개화기 / 7월 초순~8월 중순
◆ 결실기 / 9~10월
◆ 참고 / 중국의 헤이룽장성, 지린성, 랴오닝성 등지에도 분포한다.

세잎종덩굴 | 미나리아재비과

Clematis koreana Kom.

줄기는 덩굴져서 자라며, 길이 1~2m이다. 잎은 마주나며, 작은잎 3장으로 된 겹잎이다. 작은잎은 넓은 난형, 가장자리가 2~3갈래로 갈라지기도 하고, 날카로운 톱니가 있다. 잎자루 겉에 긴 털이 많다. 꽃은 잎겨드랑이와 줄기 끝에 1개씩 밑을 향해 달리며, 종 모양, 자주색이다. 꽃받침은 4장, 꽃잎처럼 보인다. 열매는 수과이며, 도란형이다.

1	2	3	4	5	6	7	8	9	10	11	12

33

1998. 6. 7. 강원도 가리왕산

자주종덩굴 | 미나리아재비과

Clematis ochotensis (Pall.) Poir.

줄기는 길이 1~2m이다. 잎은 마주나며, 2
회 3출하는 겹잎이다. 잎자루는 길고 솜털이
조금 있다. 작은잎은 피침형이며, 가장자리가
2~3갈래로 깊게 갈라지기도 하고, 날카로운
톱니가 있다. 꽃은 잎겨드랑이에 난 긴 꽃자
루 끝에 1개씩 밑을 향해 달리며 종 모양이
고, 짙은 자주색이다. 꽃받침은 4장, 꽃잎처
럼 보인다. 열매는 수과이며, 넓은 난형이다.

◆ 분포 / 강원도 이북
◆ 생육지 / 높은 산의 숲 속
◆ 출현 빈도 / 드묾
◆ 생활형 / 갈잎덩굴나무
◆ 개화기 / 5월 하순~7월
  하순
◆ 결실기 / 8~10월
◆ 참고 / 북방계 식물로서 남
  한에서는 가리왕산 등지에
  드물게 자란다.

1	2	3	4	5	6	7	8	9	10	11	12

1994. 9. 8. 제주도

◆ 분포 / 중부 이남
◆ 생육지 / 바닷가의 산과 들판
◆ 출현 빈도 / 흔함
◆ 생활형 / 갈잎덩굴나무
◆ 개화기 / 7월 중순~9월 초순
◆ 결실기 / 10~11월
◆ 참고 / '으아리'와 달리 바닷가에 자라며, 가지와 꽃자루에 털이 나므로 구분된다.

참으아리 | 미나리아재비과

Clematis terniflora DC.

줄기는 연하며, 길이 5m쯤이다. 잎은 마주나며, 작은잎 3~7장으로 된 깃꼴겹잎이다. 작은잎은 난형, 몇 갈래로 갈라지기도 하고, 가장자리가 밋밋하다. 꽃은 잎겨드랑이와 가지 끝에 원추 꽃차례 또는 취산 꽃차례로 달리며, 흰색이다. 꽃자루에 털이 있다. 꽃받침은 4~6장, 꽃잎처럼 보인다. 꽃잎은 없다. 열매는 수과이며, 난형이다.

| 1 | 2 | 3 | 4 | 5 | 6 | 7 | 8 | 9 | 10 | 11 | 12 |

35

1985. 7. 31. 경기도 관악산

으아리 | 미나리아재비과

Clematis terniflora DC. var. *mandshurica* (Rupr.) Ohwi

줄기는 단단하며, 길이 3~5m이다. 잎은 어긋나며, 작은잎 5~7장으로 이루어진 깃꼴겹잎이다. 작은잎은 긴 난형, 가장자리가 밋밋하고, 밑은 둥글거나 넓은 쐐기 모양이다. 잎자루가 구부러져서 덩굴손 역할을 한다. 꽃은 가지 끝과 잎겨드랑이에 취산 꽃차례로 피며, 흰색이다. 꽃받침은 4~6장, 꽃잎처럼 보인다. 열매는 수과이며, 난형, 날개가 없다.

- ◆ 분포 / 전국
- ◆ 생육지 / 숲 가장자리
- ◆ 출현 빈도 / 흔함
- ◆ 생활형 / 갈잎덩굴나무
- ◆ 개화기 / 6월 초순~8월 하순
- ◆ 결실기 / 9~11월
- ◆ 참고 / 꽃받침이 꽃잎처럼 보이며, 보통 4장이지만 변이가 있다. '참으아리'에 비해서 줄기가 단단하므로 구분된다.

| 1 | 2 | 3 | 4 | 5 | 6 | 7 | 8 | 9 | 10 | 11 | 12 |

1992. 7. 19. 충청북도 소백산

◆ 분포 / 전국
◆ 생육지 / 숲 가장자리
◆ 출현 빈도 / 비교적 흔함
◆ 생활형 / 갈잎덩굴나무
◆ 개화기 / 6월 초순~8월 초순
◆ 결실기 / 9~11월
◆ 참고 / 우리 나라 특산 식물이다. '사위질빵'에 비해서 꽃이 보통 3개씩 달리며, 더욱 크므로 구분된다.

할미밀망(할미질빵) | 미나리아재비과

Clematis trichotoma Nakai

줄기는 길이 3~5m이다. 잎은 마주나며, 작은잎 3~5장으로 된 깃꼴겹잎이다. 작은잎은 난형, 결각 모양의 톱니가 있고, 끝이 뾰족하다. 잎자루는 털이 있다. 꽃은 줄기 끝과 잎겨드랑이에 취산 꽃차례로 3개씩 달리며, 흰색, 지름 2cm쯤이다. 꽃받침은 4~5장, 꽃잎처럼 보이며, 긴 타원형, 겉과 가장자리에 털이 난다. 열매는 수과이며, 좁은 난형이다.

1	2	3	4	5	6	7	8	9	10	11	12

37

1993. 8. 4. 강원도 금대봉

큰제비고깔
미나리아재비과

Delphinium maackianum
Regel

줄기는 곧추서며, 위쪽에서 가지가 조금 갈라지고, 높이 90~150cm이다. 잎은 어긋나며, 3~7갈래로 갈라진 홑잎이다. 꽃은 줄기 끝에 총상 꽃차례로 달리며, 보라색 또는 드물게 흰색이다. 꽃받침은 5장, 꽃잎처럼 보이고, 위쪽의 것은 거(距)로 되는데, 그 속에 꽃잎이 들어 있다. 열매는 골돌이며, 긴 타원형, 3개씩 달리고, 겉에 털이 없다.

1	2	3	4	5	6
7	8	9	10	11	12

◆ 분포 / 중부 이북
◆ 생육지 / 숲 가장자리
◆ 출현 빈도 / 드묾
◆ 생활형 / 여러해살이풀
◆ 개화기 / 8월 초순~9월 초순
◆ 결실기 / 9~10월
◆ 참고 / 북방계 식물로서 경상북도 문경 이북에 드물게 분포한다.

38

1997. 6. 1. 강원도 태백산

◆ 분포 / 전국
◆ 생육지 / 산과 들판의 양지
◆ 출현 빈도 / 흔함
◆ 생활형 / 여러해살이풀
◆ 개화기 / 5월 중순~6월
  하순
◆ 결실기 / 7~9월
◆ 참고 / 독이 있는 식물이다.

미나리아재비 | 미나리아재비과

Ranunculus japonicus Thunb.

줄기는 곧추서며, 높이 50~70cm이다. 뿌리잎은 깊게 3~5갈래로 갈라지고, 잎자루가 길다. 잎 가장자리에 불규칙하고 둔한 톱니가 있다. 줄기잎은 아래쪽 것에는 잎자루가 있지만 위쪽 것에는 없다. 꽃은 줄기 끝에 취산꽃차례로 달리며, 노란색, 지름 1.2~2.0cm이다. 꽃잎은 5장, 노란색이다. 열매는 수과이며, 모여서 열매덩이를 이룬다.

| 1 | 2 | 3 | 4 | 5 | 6 | 7 | 8 | 9 | 10 | 11 | 12 |

미나리아재비목 (Ranunculales)

2001. 8. 16. 전라북도 덕유산

참꿩의다리 | 미나리아재비과

Thalictrum actaefolium Siebold. et Zucc.
var. *brevistylum* Nakai

줄기는 곧추서거나 밑부분이 조금 휘며, 높이 30~60cm이다. 잎은 어긋나며, 2~3회 3갈래로 갈라지는 겹잎이다. 작은잎은 끝이 뾰족하며, 가장자리에 큰 톱니가 있고, 뒷면은 흰빛이 돈다. 꽃은 원추 꽃차례로 달리며, 보통 자주색이고 꽃잎은 없다. 암술대는 길이 0.5mm쯤이다. 열매는 수과이며, 자루가 거의 없고, 암술대가 갈고리 모양으로 남아 있다.

1 2 3 4 5 6 7 8 9 10 11 12

◆ 분포 / 중부 이남
◆ 생육지 / 숲 속
◆ 출현 빈도 / 비교적 흔함
◆ 생활형 / 여러해살이풀
◆ 개화기 / 7월 중순~9월 초순
◆ 결실기 / 9~11월
◆ 참고 / 우리 나라 특산 식물이다. 기본종 '은꿩의다리'는 암술대가 1~2mm로 길어서 구분되는데, 일본에만 분포한다.

1996. 9. 8. 지리산

1995. 7. 10. 설악산

꿩의다리 | 미나리아재비과

Thalictrum aquilegifolium L. var.
sibiricum Regel et Tiling

줄기는 곧추서며, 높이 1~2m, 가지가 갈
라지고, 지름 1cm쯤으로 굵다. 잎은 어긋나
며, 줄기 밑부분의 것은 잎자루가 길고 2~3
회 깃꼴로 갈라지는 겹잎이다. 작은잎은 난
형, 끝이 뭉툭하다. 꽃은 원추 꽃차례로 많이
달리며, 흰색이다. 꽃받침잎은 4~5장, 타원
형, 일찍 떨어진다. 꽃잎은 없다. 열매는 수
과이며, 난형이다.

◆ 분포 / 전국
◆ 생육지 / 숲 속
◆ 출현 빈도 / 비교적 드묾
◆ 생활형 / 여러해살이풀
◆ 개화기 / 6월 초순~7월
중순
◆ 결실기 / 8~10월
◆ 참고 / '금꿩의다리'와 함께
키가 큰 꿩의다리속 식물
이다. 어린잎과 새순은 나
물로 먹기도 한다.

| 1 | 2 | 3 | 4 | 5 | 6 | 7 | 8 | 9 | 10 | 11 | 12 |

1998. 5. 14. 충청북도 단양

◆ 분포 / 중부 이북
◆ 생육지 / 습기 있는 숲 속
◆ 출현 빈도 / 드묾
◆ 생활형 / 여러해살이풀
◆ 개화기 / 5월 중순~8월 중순
◆ 결실기 / 9월
◆ 참고 / 정선, 단양 등 석회암 지대에서는 저지대에 분포하지만, 설악산에서는 고지대에 자란다. 멸종 위기에 처한 우리 나라 특산 식물이다.

연잎꿩의다리 | 미나리아재비과

Thalictrum coreanum H. Lév.

줄기는 높이 30~60cm이다. 잎은 1~2회 3갈래로 갈라지는 겹잎이며, 둥근 방패 모양, 가장자리에 물결 모양의 톱니가 있다. 잎자루는 잎 뒷면 아래에 방패 모양으로 붙으며, 잎 뒷면은 흰빛이 돈다. 꽃은 줄기 끝에 원추 꽃차례로 피며, 자주색 또는 흰색이다. 꽃받침 잎은 4~5장, 꽃잎은 없고, 자주색 또는 흰색 수술이 꽃을 이룬다. 열매는 수과이다.

| 1 | 2 | 3 | 4 | 5 | 6 | 7 | 8 | 9 | 10 | 11 | 12 |

1995. 8. 4. 한라산

자주꿩의다리 | 미나리아재비과

Thalictrum uchiyamai Nakai

줄기는 곧추서며, 밑부분이 흔히 자줏빛을 띠고, 높이 50~90cm이다. 잎은 어긋나며, 2~3회 3갈래로 갈라지는 겹잎, 아래쪽의 것은 잎자루가 있다. 작은잎은 난형, 뒷면에 흰빛이 돈다. 꽃은 엉성한 원추 꽃차례를 이루어 달리며, 자주색 또는 흰빛이 도는 자주색이다. 꽃받침잎은 4~5장이며, 일찍 떨어진다. 꽃잎은 없다. 열매는 삭과이며, 수평으로 퍼진다.

| 1 | 2 | 3 | 4 | 5 | 6 | 7 | 8 | 9 | 10 | 11 | 12 |

◆ 분포 / 전국
◆ 생육지 / 높은 산의 바위 지대
◆ 출현 빈도 / 드묾
◆ 생활형 / 여러해살이풀
◆ 개화기 / 6월 하순~8월 중순
◆ 결실기 / 8~10월
◆ 참고 / 우리 나라 특산 식물이다. 서울 근처에서 처음 발견되었으며, 속리산, 월악산, 주흘산, 금오산, 가야산, 한라산 등지에서 발견된다.

44

1996. 6. 7. 설악산

◆ 분포 / 제주도를 제외한 전국
◆ 생육지 / 높은 산의 중턱
  이상
◆ 출현 빈도 / 비교적 드묾
◆ 생활형 / 갈잎떨기나무
◆ 개화기 / 5월 초순~6월
  중순
◆ 결실기 / 7~10월
◆ 참고 / 가시가 있으므로 울
  타리에 심으면 좋다. 가지
  와 잎은 약재로 이용한다.

매발톱나무 | 매자나무과

Berberis amurensis Rupr.

  줄기는 높이 2~3m이다. 묵은 가지는 회색
또는 누른빛이 도는 회색이다. 가시는 3갈래
로 갈라진다. 잎은 햇가지에는 어긋나며, 짧
은가지에는 모여난 것처럼 보인다. 잎몸은 주
걱 모양, 가장자리에 가시 모양의 톱니가 있
다. 꽃은 짧은가지에 총상 꽃차례로 10~20개
가 달리며, 노란색이다. 꽃잎은 6장, 긴 난형
이다. 열매는 장과이며, 타원형이다.

| 1 | 2 | 3 | 4 | 5 | 6 | 7 | 8 | 9 | 10 | 11 | 12 |

열매

1984. 7. 12. 경기도 관악산

댕댕이덩굴 | 새모래덩굴과

Cocculus trilobus (Thunb.) DC.

줄기는 다른 물체를 감고 올라가며, 길이 3m, 가늘고 단단하다. 줄기와 잎에 갈색 털이 난다. 잎은 어긋나며, 위쪽이 3갈래로 갈라지기도 하고, 가장자리가 밋밋하다. 잎 밑은 심장 모양에 가깝다. 꽃은 암수 딴그루로 피며, 잎겨드랑이에 원추 꽃차례로 달리고, 노란빛이 도는 흰색이다. 열매는 핵과이며, 둥글고, 푸른빛이 도는 검은색이다.

◆ 분포 / 황해도 이남
◆ 생육지 / 숲 속 또는 숲 가장자리
◆ 출현 빈도 / 흔함
◆ 생활형 / 갈잎덩굴나무
◆ 개화기 / 5월 중순~7월 하순
◆ 결실기 / 10~11월
◆ 참고 / 줄기는 망태기, 바구니 등을 만드는 데 사용한다.

| 1 | 2 | 3 | 4 | 5 | 6 | 7 | 8 | 9 | 10 | 11 | 12 |

46

1999. 9. 7. 제주도

◆ 분포 / 전국
◆ 생육지 / 오래 된 연못
◆ 출현 빈도 / 매우 드묾
◆ 생활형 / 여러해살이풀
◆ 개화기 / 5월 하순~8월
  중순
◆ 결실기 / 9~10월
◆ 참고 / 멸종 위기를 맞고 있
  는 수생 식물이다. 어린 싹
  은 한천질에 싸여 있으며,
  고급 산채 재료이다.

순채 | 수련과

Brasenia schreberi J.F. Gmel.

뿌리줄기는 땅 속에서 옆으로 뻗고, 마디
에서 수염뿌리와 줄기가 난다. 줄기는 가늘고
길며, 가지가 드문드문 갈라진다. 잎은 어긋
나며, 물 위에 뜨고, 방패 모양, 가장자리가
밋밋하다. 잎 앞면은 녹색, 윤기가 나며, 뒷
면은 보라색을 띤다. 꽃은 잎겨드랑이에서 물
위로 나온 꽃자루 끝에 1개씩 피며, 자갈색이
다. 열매는 난형, 물 속에서 익는다.

| 1 | 2 | 3 | 4 | 5 | 6 | 7 | 8 | 9 | 10 | 11 | 12 |

1999. 9. 7. 강원도 고성

남개연 | 수련과

Nuphar pumilum (Timm) DC. var.
ozeense (Miki) H. Hara

뿌리줄기는 굵고, 땅 속으로 뻗는다. 잎은
뿌리줄기 끝에서 나며, 넓은 난형, 물 위에
뜬다. 잎자루는 속이 차 있다. 꽃은 물 위로
올라온 꽃대 끝에 1개씩 피며, 노란색, 지름
1~3cm이다. 꽃받침은 5장, 꽃잎처럼 보이
며, 넓은 도란형이다. 꽃잎은 많고, 주걱 모
양, 노란색이다. 암술머리는 붉은색이다. 열
매는 장과이며, 물 속에서 익는다.

◆ 분포 / 전국
◆ 생육지 / 오래 된 연못
◆ 출현 빈도 / 드묾
◆ 생활형 / 여러해살이풀
◆ 개화기 / 6월 중순~8월
  초순
◆ 결실기 / 7~10월
◆ 참고 / 기본종 '왜개연'은
  암술머리가 붉은색이 아니
  므로 구분된다.

| 1 | 2 | 3 | 4 | 5 | 6 | 7 | 8 | 9 | 10 | 11 | 12 |

1995. 8. 4. 제주도

후추목 (Piperales)

◆ 분포 / 제주도
◆ 생육지 / 저지대의 습지
◆ 출현 빈도 / 매우 드묾
◆ 생활형 / 여러해살이풀
◆ 개화기 / 6월 하순~8월
　초순
◆ 결실기 / 9~11월
◆ 참고 / 멸종 위기를 맞고 있
　는 식물이다. 항암 효과가
　있는 것으로 알려져 있으
　며, 중국산을 재배하기도
　한다.

삼백초 | 삼백초과

Saururus chinensis (Lour.) Baill.

뿌리줄기는 옆으로 길게 뻗으며, 흰색이
다. 줄기는 곧추서며, 높이 50~100cm이다.
잎은 어긋나며, 난상 타원형이다. 잎 끝은 뾰
족하고, 밑은 심장형, 가장자리는 밋밋하다.
위쪽의 잎 2~3장은 꽃이 필 때 앞면이 흰색
으로 변한다. 꽃은 줄기 끝의 잎겨드랑이에
이삭 꽃차례로 달리며, 흰색이다. 열매는 둥
글다.

1	2	3	4	5	6	7	8	9	10	11	12

49

꽃

1998. 1. 8. 제주도

죽절초 | 홀아비꽃대과

Chloranthus glaber (Thunb.) Makino

줄기는 모여나고, 마디가 뚜렷하며, 녹색, 높이 1.0~1.5m이다. 잎은 마주나며, 긴 타원형 또는 넓은 피침형, 가장자리에 날카로운 톱니가 난다. 잎 뒷면은 노란빛이 도는 녹색이다. 꽃은 가지 끝에 이삭 꽃차례로 달리며, 흰색이다. 화피는 없다. 수술은 1개, 노란색이다. 암술은 녹색이다. 열매는 핵과이며, 둥글고, 지름 5~7mm, 붉게 익는다.

◆ 분포 / 제주도
◆ 생육지 / 숲 속
◆ 출현 빈도 / 매우 드묾
◆ 생활형 / 늘푸른떨기나무
◆ 개화기 / 6월 초순~7월 하순
◆ 결실기 / 10~4월
◆ 참고 / 멸종 위기를 맞고 있는 식물이다. 열매가 아름다우므로 관상 가치가 높다.

| 1 | 2 | 3 | 4 | 5 | 6 | 7 | 8 | 9 | 10 | 11 | 12 |

1998. 7. 8. 경상북도 일월산

마른 열매

◆ 분포 / 제주도를 제외한 전국
◆ 생육지 / 산자락 또는 숲 속
◆ 출현 빈도 / 비교적 드묾
◆ 생활형 / 여러해살이풀
◆ 개화기 / 7월 초순~8월 하순
◆ 결실기 / 10~11월
◆ 참고 / 마른 열매는 낙하산 모양으로 벌어지며, 이듬해 봄까지 남아 있다. 꼬리명주나비 애벌레가 먹는 식물이다.

쥐방울덩굴 | 쥐방울덩굴과

Aristolochia contorta Bunge

줄기는 다른 풀이나 나무를 감으며 자라고, 길이 50~150cm이다. 잎은 어긋나며, 심장상 난형, 가장자리가 밋밋하다. 꽃은 잎겨드랑이에 몇 개씩 모여 달리며, 노란빛이 도는 녹색이다. 꽃받침은 통 모양, 밑부분이 둥글게 커지고 위쪽은 나팔 모양인데, 한 쪽이 날카롭고 길게 자란다. 열매는 둥근 삭과이며, 밑에서 6조각으로 갈라진다.

1	2	3	4	5	6	7	8	9	10	11	12

51

2000. 7. 28. 지리산

노각나무 | 차나무과

Stewartia pseudo-camellia Maxim.

줄기는 높이 10~15m, 껍질이 조각조각 벗겨져서 얼룩무늬가 생긴다. 잎은 어긋나며, 타원형이고, 가장자리에 둔한 톱니가 있다. 꽃은 햇가지 아래쪽 잎겨드랑이에 1개씩 피며, 흰색, 지름 6~7cm이다. 꽃받침은 5장, 둥글다. 꽃잎은 보통 5장이지만 6장도 있다. 열매는 삭과, 난형이며, 익으면 5갈래로 갈라진다.

| 1 | 2 | 3 | 4 | 5 | 6 | 7 | 8 | 9 | 10 | 11 | 12 |

- ◆ 분포/제주도를 제외한 남부 지방
- ◆ 생육지/숲 속
- ◆ 출현 빈도/비교적 흔함
- ◆ 생활형/갈잎큰키나무
- ◆ 개화기/6월 초순~7월 중순
- ◆ 결실기/9~10월
- ◆ 참고/얼룩무늬 수피와 꽃이 아름다운 관상 자원이다. 소백산 이남의 남부 지방과 평안남도에 불연속 분포하며, 일본에도 난다.

1997. 7. 26. 전라북도 덕유산

◆ 분포 / 전국
◆ 생육지 / 숲 속 또는 숲 가장자리
◆ 출현 빈도 / 비교적 흔함
◆ 생활형 / 여러해살이풀
◆ 개화기 / 6월 중순~8월 하순
◆ 결실기 / 9~10월
◆ 참고 / 낫 모양의 꽃잎이 물레 모양으로 늘어서므로 이 같은 이름이 붙여졌다. 어린잎은 나물로 먹는다.

물레나물 | 물레나물과

Hypericum ascyron L.

줄기는 곧추서며, 가지가 갈라지기도 하고, 높이 50~120cm이다. 잎은 마주나며, 피침형, 잎 끝은 뾰족하고, 밑은 심장 모양으로 되어 줄기를 감싼다. 꽃은 줄기와 가지 끝에 취산 꽃차례로 피며, 노란색, 지름 4~6cm이다. 꽃받침잎은 5장, 크기가 서로 다르다. 꽃잎은 5장, 낫 모양의 넓은 난형이다. 수술은 많고, 5묶음으로 된다. 열매는 삭과이며, 난형이다.

1	2	3	4	5	6	7	8	9	10	11	12

1990. 8. 10. 지리산

고추나물 | 물레나물과

Hypericum erectum Thunb.

줄기는 곧추서며, 높이 20~70cm, 둥글다. 위쪽에서 꽃이 피는 가지가 갈라진다. 잎은 마주나며, 난상 피침형, 밑이 줄기를 반쯤 감싼다. 잎 가장자리에 검은 점이 많다. 꽃은 줄기 위쪽과 가지 끝에 원추형으로 20개쯤 달리며, 노란색, 지름 1.5~2.0cm이다. 수술은 30~40개가 3묶음으로 나뉜다. 열매는 삭과, 난형이며, 3갈래로 갈라진다.

◆ 분포 / 전국
◆ 생육지 / 숲 속 또는 숲 가장자리
◆ 출현 빈도 / 비교적 흔함
◆ 생활형 / 여러해살이풀
◆ 개화기 / 7월 초순~8월 하순
◆ 결실기 / 9~10월
◆ 참고 / '물레나물'에 비해서 꽃이 작고, 수술은 3묶음으로 나뉘므로 구분된다. 어린잎은 나물로 먹는다.

| 1 | 2 | 3 | 4 | 5 | 6 | 7 | 8 | 9 | 10 | 11 | 12 |

1997. 8. 20. 경상남도 울산

◆ 분포 / 전국
◆ 생육지 / 물가 또는 습지
◆ 출현 빈도 / 비교적 드묾
◆ 생활형 / 여러해살이풀
◆ 개화기 / 7월 초순~8월 하순
◆ 결실기 / 8~9월
◆ 참고 / 물레나물속에 비해 서 수술이 9개로 적으므로 구분된다.

물고추나물 | 물레나물과

Triadenum japonicum (Blume) Makino

땅속줄기는 가늘고 길게 뻗는다. 줄기는 곧 추서며, 높이 50~100cm이다. 잎은 마주나며, 긴 타원형, 가장자리가 밋밋하다. 꽃은 위쪽 잎겨드랑이에 취산 꽃차례로 1~3개씩 달리며, 연한 붉은색, 지름 1.5cm쯤이다. 오후 3~4시 에 핀다. 꽃받침잎은 5장이다. 꽃잎은 5장, 타 원형이다. 수술은 9개가 3묶음으로 나뉜다. 열 매는 삭과, 기둥 모양, 검은 갈색으로 익는다.

1	2	3	4	5	6	7	8	9	10	11	12

1986. 5. 7. 전라남도 해남

끈끈이귀개 | 끈끈이귀개과

Drosera peltata Smith var. *nipponica*
(Masam.) Ohwi

줄기는 곧추서며, 높이 10~40cm, 위쪽에서 가지가 갈라지기도 한다. 땅 속의 덩이줄기는 둥글다. 뿌리잎은 꽃이 필 때 없어진다. 줄기잎은 초승달 모양이다. 잎에 난 긴 샘털에서 점액을 분비하여 벌레를 잡는다. 꽃은 줄기 끝 또는 잎과 마주난 총상 꽃차례에 달리며, 흰색, 지름 1.0~1.5cm이다. 꽃잎은 5장, 넓은 도란형이다. 열매는 삭과이며, 둥글다.

◆ 분포 / 전라남도 해남, 진도
◆ 생육지 / 바닷가의 풀밭
◆ 출현 빈도 / 매우 드묾
◆ 생활형 / 여러해살이풀
◆ 개화기 / 5월 초순~7월 중순
◆ 결실기 / 7~9월
◆ 참고 / 멸종 위기를 맞고 있다. 잎으로 벌레를 잡아먹는 식충 식물이다.

| 1 | 2 | 3 | 4 | 5 | 6 | 7 | 8 | 9 | 10 | 11 | 12 |

1997. 7. 4. 백두산

◆ 분포 / 백두산
◆ 생육지 / 고지대의 풀밭 또
  는 자갈밭
◆ 출현 빈도 / 비교적 드묾
◆ 생활형 / 두해살이풀
◆ 개화기 / 6월 하순~8월
  초순
◆ 결실기 / 9~10월
◆ 참고 / 백두산과 중국 둥베
  이 지방 일대의 고산 지대
  에 분포한다.

두메양귀비 | 양귀비과

Papaver radicatum Rottb. var.
pseudo-radicatum (Kitag.) Kitag.

줄기는 높이 5~10cm이다. 잎은 뿌리에서
여러 장 나며, 잎자루가 길다. 잎몸은 1~3회
깃꼴로 깊게 갈라지고, 갈래는 난상 타원형이
며 끝이 둔하다. 잎 가장자리에 결각상의 톱니
가 있다. 꽃은 꽃줄기 끝에 1개씩 달리며, 보
통 노란색이지만 드물게 흰색이고, 지름
4~6cm이다. 열매는 삭과이며, 도란형이다.

1	2	3	4	5	6	7	8	9	10	11	12

1984. 6. 9. 한라산

섬바위장대 | 십자화과

Arabis serrata Franch. et Sav. var.
hallaisanensis (Nakai) Ohwi

　전체에 별 모양의 털과 2갈래로 갈라진 털
이 난다. 줄기는 밑에서 여러 대가 나오며,
높이 10~20cm이다. 뿌리잎은 여러 장이 모
여나며, 주걱 모양이다. 줄기잎은 피침형이
다. 꽃은 총상 꽃차례로 달리며, 흰색, 지름
6~9mm이다. 꽃잎은 4장이다. 열매는 장각
과로, 익으면 녹색 또는 검은빛이 도는 자주색
이 되며, 조금 꼬불꼬불하고 비스듬히 선다.

◆ 분포 / 한라산
◆ 생육지 / 고지대의 풀밭 또
　는 자갈밭
◆ 출현 빈도 / 비교적 드묾
◆ 생활형 / 여러해살이풀
◆ 개화기 / 6월 초순~7월
　하순
◆ 결실기 / 7~8월
◆ 참고 / 한라산 고지대에서
　만 자라는 우리 나라 특산
　식물이다.

| 1 | 2 | 3 | 4 | 5 | 6 | 7 | 8 | 9 | 10 | 11 | 12 |

1995. 6. 3. 강원도 금대봉

◆ 분포 / 전국
◆ 생육지 / 숲 속 또는 숲 가
　장자리
◆ 출현 빈도 / 비교적 드묾
◆ 생활형 / 여러해살이풀
◆ 개화기 / 5월 중순~6월
　하순
◆ 결실기 / 7~8월
◆ 참고 / 뿌리가 매우 크게 발
　달하며, 꽃잎은 길이가 10
　~13mm로서 길다.

노란장대 | 십자화과

Sisymbrium luteum (Maxim.) O.E. Schulz

　줄기는 곧추서며, 위쪽에서 가지가 갈라지
기도 하고, 높이 80~120cm이다. 잎은 어긋
나며, 홑잎이다. 줄기 아래쪽 잎은 긴 타원
형, 깃꼴로 갈라지고, 잎자루가 길다. 줄기
위쪽 잎은 난형 또는 난상 타원형, 가장자리
에 불규칙한 톱니가 있다. 꽃은 줄기 끝에 총
상 꽃차례로 달리며, 노란색이다. 열매는 장
각과이며, 길이 8~10cm이다.

1	2	3	4	5	6	7	8	9	10	11	12

1994. 6. 6. 제주도

말똥비름 | 돌나물과

Sedum bulbiferum Makino

전체가 연약하고 털이 없다. 줄기는 높이 10~20cm, 처음에는 곧추서지만 옆으로 뻗고, 마디에서 뿌리가 난다. 잎은 줄기 아래쪽에서는 어긋나고, 위쪽에서는 마주나며, 주걱 모양이다. 희고 둥근 육아(肉芽)가 잎겨드랑이에 달린다. 꽃은 줄기 끝에 취산 꽃차례로 피며, 노란색이고, 지름은 1cm쯤이다. 열매는 잘 여물지 않는다.

| 1 | 2 | 3 | 4 | 5 | 6 | 7 | 8 | 9 | 10 | 11 | 12 |

- ◆ 분포 / 남부 지방
- ◆ 생육지 / 숲 속 또는 들판
- ◆ 출현 빈도 / 비교적 흔함
- ◆ 생활형 / 한해 또는 두해살이풀
- ◆ 개화기 / 6월 초순~7월 중순
- ◆ 결실기 / 8~9월
- ◆ 참고 / 잎겨드랑이에 항상 육아가 달려 있으므로 우리 나라의 돌나물속 다른 식물들과 쉽게 구분할 수 있다.

1993. 7. 15. 지리산

◆ 분포 / 전국
◆ 생육지 / 양지바른 바위 겉
◆ 출현 빈도 / 흔함
◆ 생활형 / 여러해살이풀
◆ 개화기 / 6월 중순~9월
  초순
◆ 결실기 / 7~9월
◆ 참고 / '가는기린초'에 비해
  서 줄기가 여러 개 모여
  나고, 아래쪽이 조금 휘므
  로 구분된다.

기린초 | 돌나물과

Sedum kamtschaticum Fisch.

줄기는 보통 6대 이상 모여나고, 아래쪽이 구부러지며, 붉은색을 띠거나 녹색에 높이 7~25cm이다. 잎은 어긋나며, 도란형 또는 타원형, 주걱형으로 끝이 둔하다. 잎자루는 없다. 꽃은 원줄기 끝에 산방상 취산 꽃차례로 많이 달리며, 노란색이다. 꽃받침잎은 녹색, 다육질, 피침상 선형이다. 꽃잎은 피침형, 끝이 뾰족하다. 열매는 골돌이며, 씨는 갈색이다.

1	2	3	4	5	6	7	8	9	10	11	12

2004. 6. 22. 추자도

땅채송화 | 돌나물과

Sedum oryzifolium Makino

다육질의 긴 기는줄기에서 곧추서는 줄기
와 실뿌리가 난다. 꽃이 피지 않는 줄기에는
잎이 모여 달리며, 이런 줄기가 무리지어 군
락을 이룬다. 꽃이 피는 줄기는 높이 10cm쯤
이다. 잎은 어긋나며, 넓은 선형이다. 꽃은
줄기 끝에서 갈라진 2~3개의 가지에 안목상
취산 꽃차례로 피며, 노란색이다. 꽃받침잎은
녹색, 꽃잎은 넓은 피침형이다.

◆ 분포 / 남부 지방
◆ 생육지 / 바닷가 바위 지대
◆ 출현 빈도 / 흔함
◆ 생활형 / 여러해살이풀
◆ 개화기 / 6월 초순~7월
하순
◆ 결실기 / 8~9월
◆ 참고 / 울릉도 등지에 분포
하는 '사수채송화' 와는 달
리 꽃차례가 가지 끝에서
발달하므로 구분할 수 있다.

| 1 | 2 | 3 | 4 | 5 | 6 | 7 | 8 | 9 | 10 | 11 | 12 |

1997. 7. 27. 전라북도 남덕유산

◆ 분포 / 전국
◆ 생육지 / 산의 습기가 많은 바위
◆ 출현 빈도 / 흔함
◆ 생활형 / 여러해살이풀
◆ 개화기 / 6월 중순~8월 초순
◆ 결실기 / 7~9월
◆ 참고 / 잎이 채송화를 닮았고, 바위 곁에서 곧잘 자라므로 '바위채송화'라는 이름이 붙여졌지만, '채송화'는 쇠비름과 식물이므로 다르다.

바위채송화 | 돌나물과

Sedum polytrichoides Hemsl.

줄기는 가지가 많이 갈라지고, 높이 7~9 cm이다. 잎은 어긋나며, 뒷면의 잎줄이 뚜렷하다. 꽃이 피지 않는 가지에는 잎이 빽빽하게 달린다. 잎몸은 선형 또는 선상 도피침형, 끝이 뾰족하다. 꽃은 2~3갈래로 갈라지는 안목상 취산 꽃차례로 달리며, 노란색이다. 꽃자루는 없다. 꽃받침잎은 깊게 갈라지며, 녹색이다. 열매는 삭과이며, 씨는 갈색이다.

1	2	3	4	5	6	7	8	9	10	11	12

1997. 7. 7. 강원도 태백산

노루오줌 | 범의귀과

Astilbe chinensis (Maxim.) Maxim. ex
Franch. et Sav.

줄기는 곧추서며, 높이 50~70cm이다. 뿌리잎은 2회 또는 드물게 3회 3갈래로 갈라지는 겹잎이며, 끝의 작은잎은 긴 난형 또는 난상 타원형이다. 줄기잎은 어긋난다. 꽃은 꽃줄기 위쪽에 원추 꽃차례로 달리며, 분홍색이지만 변이가 심하다. 꽃자루는 거의 없다. 꽃받침잎은 5장, 난형이다. 꽃잎은 끝이 둥글다. 열매는 삭과이며, 끝이 2갈래로 갈라진다.

◆ 분포 / 전국
◆ 생육지 / 숲 속
◆ 출현 빈도 / 비교적 흔함
◆ 생활형 / 여러해살이풀
◆ 개화기 / 5월 하순~7월 하순
◆ 결실기 / 7~9월
◆ 참고 / 잎 모양만 보면 '눈개승마'와 비슷해 보이지만, 눈개승마는 장미과에 속하는 식물이다.

| 1 | 2 | 3 | 4 | 5 | 6 | 7 | 8 | 9 | 10 | 11 | 12 |

1996. 6. 26. 강원도 금대봉

◆ 분포 / 강원도 이북
◆ 생육지 / 계곡 응달
◆ 출현 빈도 / 매우 드묾
◆ 생활형 / 여러해살이풀
◆ 개화기 / 6월 하순~7월 하순
◆ 결실기 / 8~10월
◆ 참고 / 우리 나라와 중국의 지린성, 랴오닝성에만 분포하는 세계적인 희귀 식물로서 멸종 위기를 맞고 있다.

개병풍 | 범의귀과

Astilboides tabularis (Hemsl.) Engl.

줄기는 높이 1.0~1.5m, 가시 같은 센털이 많고, 자주색을 띤다. 뿌리잎은 둥근 방패 모양, 가장자리가 7갈래쯤으로 얕게 갈라지고, 지름 50~100cm이다. 잎자루는 둥글고, 지름 2cm쯤이다. 줄기에 붙은 잎은 아주 작다. 꽃은 줄기 끝에 큰 원추 꽃차례로 달리며, 흰색이다. 꽃잎은 5장이고, 선형이다. 열매는 골돌이다.

1	2	3	4	5	6	7	8	9	10	11	12

장미목
(Rosales)

물참대 | 범의귀과

Deutzia glabrata Kom.

줄기는 높이 2~4m이다. 햇가지는 붉은 갈
색, 오래 된 가지는 껍질이 벗겨져 잿빛이 도
는 흰색이다. 잎은 마주나며, 피침형 또는 긴
타원형, 가장자리에 톱니가 있다. 잎 앞면에
별 모양의 털이 조금 있다. 꽃은 가지 끝에 산
방 꽃차례로 많이 달리며, 흰색, 지름은 1cm
쯤이다. 꽃자루에 별 모양의 털이 난다. 꽃잎
은 5장, 원형이다. 열매는 삭과이며, 원통형
이다.

| 1 | 2 | 3 | 4 | 5 | 6 | 7 | 8 | 9 | 10 | 11 | 12 |

◆ 분포 / 제주도를 제외한 전국
◆ 생육지 / 숲 속
◆ 출현 빈도 / 비교적 흔함
◆ 생활형 / 갈잎떨기나무
◆ 개화기 / 5월 초순~6월
하순
◆ 결실기 / 9~10월
◆ 참고 / '말발도리'와 비슷하
지만 오래 된 가지의 껍질
이 벗겨지고, 줄기 속이 비
어 있어서 구분된다.

66

1994. 6. 6. 한라산

◆ 분포 / 울릉도, 제주도
◆ 생육지 / 습기가 있는 숲 속
◆ 출현 빈도 / 비교적 드묾
◆ 생활형 / 갈잎덩굴나무
◆ 개화기 / 5월 중순~7월
  중순
◆ 결실기 / 7~10월
◆ 참고 / '바위수국'과 비슷하
  지만 꽃차례 가장자리의
  중성화에 꽃잎처럼 보이는
  꽃받침이 4장 달리므로 구
  분된다.

등수국 | 범의귀과

Hydrangea petiolaris Siebold et Zucc.

가지에서 공기뿌리가 나와 다른 나무나 바위에 붙어 자라며, 길이 10~20m이다. 잎은 마주나며, 난형 또는 원형, 가장자리에 뾰족한 톱니가 있다. 꽃은 가지 끝에 위가 납작한 산방 꽃차례로 달리며, 흰색이다. 꽃차례 가장자리의 중성화에는 꽃잎처럼 보이는 꽃받침이 4장 달린다. 열매는 삭과이며, 둥글다.

1	2	3	4	5	6	7	8	9	10	11	12

1992. 8. 12. 한라산

산수국 | 범의귀과

Hydrangea serrata (Thunb.) Ser.

줄기는 높이 1m쯤이다. 잎은 마주나며, 긴 타원형 또는 난형, 가장자리에 날카로운 톱니가 있다. 잎 앞면과 뒷면 잎줄 위, 꽃자루, 작은 꽃자루에 털이 난다. 꽃은 가지 끝에 산방꽃차례로 달리며, 흰색, 붉은색, 하늘색이다. 꽃차례 가장자리의 중성화에는 꽃잎처럼 보이는 꽃받침이 4~5장 달린다. 열매는 삭과이며, 꽃받침이 자라서 된다.

◆ 분포 / 중부 이남
◆ 생육지 / 숲 속
◆ 출현 빈도 / 흔함
◆ 생활형 / 낙엽떨기나무
◆ 개화기 / 7월 초순~8월 하순
◆ 결실기 / 9~10월
◆ 참고 / 꽃의 모양과 색깔은 변이가 매우 심하다. 꽃차례 중앙에 열매로 발달하는 양성화가 달리므로 '수국'과 구분된다.

| 1 | 2 | 3 | 4 | 5 | 6 | 7 | 8 | 9 | 10 | 11 | 12 |

1998. 8. 22. 영국 큐식물원

◆ 분포 / 전라남도
◆ 생육지 / 산골짜기
◆ 출현 빈도 / 매우 드묾
◆ 생활형 / 여러해살이풀
◆ 개화기 / 7월 중순~8월
　　중순
◆ 결실기 / 9~10월
◆ 참고 / 우리 나라 특산 식물
　로서 전라남도 백운산 골
　짜기에 매우 드물게 자라
　는 멸종 위기 식물이다.

나도승마 | 범의귀과

Kirengeshoma koreana Nakai

뿌리줄기는 굵고, 옆으로 뻗는다. 줄기는 곧추서며, 육각형이고, 높이 60~100cm이다. 잎은 마주나며, 손바닥 모양으로 갈라지고, 타원형 또는 원형, 가장자리에 뾰족한 톱니가 있다. 꽃은 줄기 끝에 총상 꽃차례로 1~5개씩 달리며, 노란색이다. 꽃받침은 종 모양, 꽃잎은 5장이다. 열매는 삭과이며, 둥글고, 지름 1cm쯤이다.

1	2	3	4	5	6	7	8	9	10	11	12

1985. 7. 28. 강원도

낙지다리 | 범의귀과

Penthorum chinense Pursh

뿌리줄기는 가지가 갈라진다. 줄기는 곧추
서며, 높이 40~80cm이다. 잎은 어긋나고,
피침형, 가장자리에 톱니가 있다. 꽃은 줄기
끝에서 사방으로 갈라진 총상 꽃차례로 피며,
노란빛이 도는 녹색이다. 꽃잎은 보통 없다.
수술은 10개, 2줄로 붙는다. 꽃밥은 노란색이
다. 열매는 삭과이며, 익으면 5갈래로 터진다.

| 1 | 2 | 3 | 4 | 5 | 6 | 7 | 8 | 9 | 10 | 11 | 12 |

◆ 분포 / 제주도를 제외한 전국
◆ 생육지 / 물가
◆ 출현 빈도 / 드묾
◆ 생활형 / 여러해살이풀
◆ 개화기 / 6월 중순~8월
하순
◆ 결실기 / 9~11월
◆ 참고 / 열매가 달린 모양이
빨판이 있는 낙지의 다리
와 비슷하여 이 같은 이름
이 붙여졌다.

70

1995. 5. 24. 경상북도 소백산

◆ 분포 / 중부 이북
◆ 생육지 / 높은 산의 응달
◆ 출현 빈도 / 비교적 드묾
◆ 생활형 / 여러해살이풀
◆ 개화기 / 5월 하순~7월 하순
◆ 결실기 / 7~9월
◆ 참고 / 경상북도, 경기도, 강원도 및 북부 지방에 분포한다.

도깨비부채 | 범의귀과

Rodgersia podophylla A. Gray

줄기는 곧추서며, 높이 80~130cm이다. 잎은 어긋나며, 손바닥 모양의 겹잎이다. 뿌리잎은 작은잎 5장으로 이루어지며, 작은잎은 도란형으로 위쪽이 3~5갈래로 갈라진다. 줄기잎은 작은잎 1~5장으로 이루어진다. 꽃은 줄기 끝에 취산상 원추 꽃차례로 달리며, 노란빛이 도는 흰색이다. 꽃잎은 없다. 열매는 삭과이며, 넓은 난형이다.

1	2	3	4	5	6	7	8	9	10	11	12

1989. 8. 14. 지리산

참바위취 | 범의귀과

Saxifraga oblongifolia Nakai

뿌리줄기는 짧다. 줄기는 높이 30cm쯤이고, 가지가 갈라지며, 겉에 샘털이 난다. 햇볕이 잘 드는 곳에 자라는 것은 자줏빛이 돈다. 잎은 모양과 크기의 변이가 심하다. 뿌리잎은 타원형, 줄기잎은 1~2장이며 작다. 꽃은 꽃줄기 끝에 원추 꽃차례로 달리며, 흰색이다. 꽃잎은 5장, 긴 타원형, 아래쪽 2개가 길다. 열매는 삭과이며, 난형, 끝이 2갈래로 갈라진다.

| 1 | 2 | 3 | 4 | 5 | 6 | 7 | 8 | 9 | 10 | 11 | 12 |

◆ 분포 / 지리산 이북
◆ 생육지 / 고지대의 바위 겉
◆ 출현 빈도 / 비교적 드묾
◆ 생활형 / 여러해살이풀
◆ 개화기 / 6월 하순~8월 중순
◆ 결실기 / 9~10월
◆ 참고 / 지리산 이북에 자라는 고산 식물로서 잎은 먹을 수 있다.

1983. 7. 16. 설악산

◆ 분포 / 강원도 이북
◆ 생육지 / 계곡의 바위 겉 또
　는 습지
◆ 출현 빈도 / 드묾
◆ 생활형 / 여러해살이풀
◆ 개화기 / 6월 하순~8월
　초순
◆ 결실기 / 8~10월
◆ 참고 / 점봉산, 응복산, 설
　악산 등지에 자라는 우리
　나라 특산 식물이다.

구실바위취 | 범의귀과

Saxifraga octopetala Nakai

　뿌리줄기는 짧다. 꽃줄기는 높이 15~30cm로
털이 많다. 잎은 모두 뿌리에서 나며, 밑이
심장상 신장형이고, 가장자리에 비교적 작은
난형의 톱니가 있다. 꽃은 꽃줄기 끝에 원추
꽃차례로 빽빽하게 달리며, 흰색이다. 꽃줄기
에 곧은 털이 있다. 꽃잎은 8장, 피침형이고
끝이 둔하다. 꽃밥은 연한 자주색이다. 열매
는 삭과이다.

| 1 | 2 | 3 | 4 | 5 | 6 | 7 | 8 | 9 | 10 | 11 | 12 |

73

1995. 5. 8. 제주도

바위수국 | 범의귀과

Schizophragma hydrangeoides Siebold et Zucc.

줄기는 길이 10m쯤이며, 공기뿌리가 나와서 바위나 나무에 붙어 자란다. 잎은 마주나며, 넓은 난형, 가장자리에 이 모양의 톱니가 있다. 잎 뒷면의 잎줄겨드랑이에 부드러운 털이 난다. 꽃은 가지 끝에 취산 꽃차례로 달리며, 흰색이다. 꽃차례 가장자리에 있는 중성화에는 꽃잎처럼 보이는 꽃받침이 1장 달린다. 열매는 삭과이며, 능선이 10개 있다.

◆ 분포 / 울릉도, 제주도
◆ 생육지 / 숲 속
◆ 출현 빈도 / 비교적 드묾
◆ 생활형 / 갈잎덩굴나무
◆ 개화기 / 5월 중순~7월 중순
◆ 결실기 / 7~10월
◆ 참고 / 꽃차례 가장자리의 중성화에 꽃잎처럼 보이는 커다란 꽃받침이 1장 달리므로 '등수국'과 구분된다.

| 1 | 2 | 3 | 4 | 5 | 6 | 7 | 8 | 9 | 10 | 11 | 12 |

1997. 6. 10. 경상북도 울릉도

장미목 (Rosales)

1998. 5. 27. 경상북도 울릉도

헐떡이풀 | 범의귀과

Tiarella polyphylla D. Don

줄기는 곧추서며, 샘털이 나고, 높이 10~ 40cm이다. 뿌리잎은 여러 장이며, 심장상 원형, 가장자리가 얕게 5갈래로 갈라진다. 잎 앞면에 긴 털이 나고, 뒷면 맥 위에 긴 털과 짧은 털이 섞여 난다. 줄기잎은 2~3장이며, 작다. 꽃은 총상 꽃차례로 피며, 밑을 향하 고, 흰색이다. 꽃잎은 5장이며, 수술은 10개 이다. 열매는 삭과이다.

◆ 분포 / 울릉도
◆ 생육지 / 습기가 많은 숲 속
◆ 출현 빈도 / 비교적 드묾
◆ 생활형 / 여러해살이풀
◆ 개화기 / 5월 중순~6월 하순
◆ 결실기 / 8~10월
◆ 참고 / 잎을 기관지천식에 약으로 쓴다 하여 '헐떡이 약풀'이라고도 한다. 열매 는 2개 가운데 하나가 더 크다.

| 1 | 2 | 3 | 4 | 5 | 6 | 7 | 8 | 9 | 10 | 11 | 12 |

1992. 7. 8. 한라산

◆ 분포 / 한라산
◆ 생육지 / 고지대의 풀밭 또
  는 숲 가장자리
◆ 출현 빈도 / 드묾
◆ 생활형 / 여러해살이풀
◆ 개화기 / 5월 하순~7월
  초순
◆ 결실기 / 9~10월
◆ 참고 / 우리 나라 특산 식
  물이다.

한라개승마 | 장미과

Aruncus aethusifolius (H. Lév.) Nakai

줄기는 높이 10~40cm이다. 잎은 어긋나
며, 2회 갈라지는 깃꼴겹잎이다. 작은잎은 난
형, 끝이 꼬리처럼 뾰족하고, 깃꼴로 깊게 갈
라진다. 잎자루는 길다. 꽃은 줄기 끝에 총상
꽃차례가 모여 원추 꽃차례를 이루어 달리며,
노란빛이 도는 흰색이다. 꽃차례에 흰 털이
있다. 꽃받침잎은 5장이다. 꽃잎은 5장, 도피
침형이고 꽃받침잎보다 길다. 열매는 골돌이
며, 윤기가 있다.

1	2	3	4	5	6	7	8	9	10	11	12

1996. 5. 25. 설악산

눈개승마 | 장미과

Aruncus dioicus (Walter) Fernald var.
kamtschaticus (Maxim.) H. Hara

줄기는 곧추서며, 높이 30~100cm이다. 잎은 어긋나며, 2~3회 갈라지는 깃꼴겹잎이다. 작은잎은 좁은 난형, 끝이 뾰족하고, 가장자리에 톱니가 있다. 꽃은 암수 딴포기로 피며, 줄기 끝에 원추 꽃차례로 달리고, 노란빛이 도는 흰색이다. 꽃잎은 5장, 주걱 모양, 꽃받침보다 길다. 열매는 골돌이며, 긴 타원형이고, 밑을 향한다.

◆ 분포 / 제주도를 제외한 전국
◆ 생육지 / 숲 속
◆ 출현 빈도 / 비교적 드묾
◆ 생활형 / 여러해살이풀
◆ 개화기 / 5월 중순~7월 초순
◆ 결실기 / 8~9월
◆ 참고 / 어린 순을 나물로 먹는데, 울릉도에서는 '삼나물'이라 하여 재배하기도 한다.

| 1 | 2 | 3 | 4 | 5 | 6 | 7 | 8 | 9 | 10 | 11 | 12 |

1997. 7. 10. 백두산

장미목 (Rosales)

◆ 분포 / 북부 지방
◆ 생육지 / 높은 산의 풀밭
◆ 출현 빈도 / 드묾
◆ 생활형 / 늘푸른떨기나무
◆ 개화기 / 6월 중순~7월 하순
◆ 결실기 / 8~10월
◆ 참고 / 풀처럼 보이는 매우 작은 나무이며, 남한에는 분포하지 않는다.

담자리꽃나무 | 장미과

Dryas octopetala L. var. *asiatica* (Nakai) Nakai

원줄기는 가지를 치며 옆으로 뻗고, 잎이 달린 가지는 높이 10cm쯤이다. 잎은 어긋나지만 모여난 것처럼 보인다. 잎몸은 난형 또는 넓은 타원형으로 가장자리에 둔한 톱니가 있다. 꽃은 가지 끝에 난 꽃자루에 1개씩 달리며, 흰색, 지름 2cm쯤이다. 꽃받침잎은 8장 또는 드물게 6장이다. 꽃잎은 8~9장이다. 열매는 수과이다.

1	2	3	4	5	6	7	8	9	10	11	12

79

장미목 (Rosales)

1993. 7. 14. 지리산

지리터리풀 | 장미과

Filipendula formosa Nakai

줄기는 속이 비어 있고, 높이 40~100cm이
다. 뿌리잎은 5~10장이며, 깃꼴겹잎이다. 끝
의 작은잎은 5갈래로 얕게 갈라진다. 끝의 것
을 제외한 작은잎은 5~10쌍이지만 길이가 매
우 짧으므로 끝의 잎만 있는 홑잎처럼 보인다.
줄기잎은 3~5장, 위로 갈수록 잎자루가 짧다.
꽃은 집산상 산방 꽃차례로 달리며, 분홍색이
다. 열매는 삭과이며, 겉에 털이 전혀 없다.

| 1 | 2 | 3 | 4 | 5 | 6 | 7 | 8 | 9 | 10 | 11 | 12 |

◆ 분포 / 남부 지방
◆ 생육지 / 고지대의 숲 속
◆ 출현 빈도 / 드묾
◆ 생활형 / 여러해살이풀
◆ 개화기 / 7월 초순~8월
하순
◆ 결실기 / 9~10월
◆ 참고 / 지리산 일대에 분포
하는 우리 나라 특산 식물
이다.

80

1996. 7. 8. 설악산

◆ 분포 / 제주도를 제외한 전국
◆ 생육지 / 높은 산의 숲 속
◆ 출현 빈도 / 비교적 흔함
◆ 생활형 / 여러해살이풀
◆ 개화기 / 6월 하순~8월 중순
◆ 결실기 / 9~10월
◆ 참고 / 높은 산에 비교적 흔하게 자라는 우리 나라 특산 식물이다.

터리풀 | 장미과

Filipendula glaberrima (Nakai) Nakai

뿌리줄기가 발달한다. 줄기는 높이 80~160cm, 털이 없다. 잎은 깃꼴겹잎, 잎줄기 끝의 것이 가장 크다. 뿌리잎 끝의 작은잎은 중앙 이상까지 5~7갈래로 깊게 갈라진다. 줄기잎은 4~6장, 위로 갈수록 작다. 꽃은 집산상 산방 꽃차례로 달리며, 흰색 또는 붉은빛이 도는 흰색이다. 꽃받침잎은 4~5장이다. 열매는 수과이며, 2~4개 달린다.

| 1 | 2 | 3 | 4 | 5 | 6 | 7 | 8 | 9 | 10 | 11 | 12 |

장미목 (Rosales)

1992. 6. 28. 지리산

큰뱀무 | 장미과

Geum aleppicum Jacq.

전체에 거친 털이 많다. 줄기는 높이 30~100cm이며, 가지가 갈라진다. 뿌리잎은 깃꼴겹잎이며, 잎자루가 길다. 줄기잎은 작은잎 2~6장으로 이루어지며, 잎자루가 없거나 짧다. 꽃은 가지 끝에 1개씩, 모두 3~10개가 달리며, 노란색이고, 지름 2cm쯤이다. 꽃자루에 거친 털과 부드러운 털이 섞여 난다. 꽃받침잎과 꽃잎은 5장씩이다. 열매는 수과이며, 여러 개가 모여 달린다.

◆ 분포 / 전국
◆ 생육지 / 산지 또는 들판
◆ 출현 빈도 / 흔함
◆ 생활형 / 여러해살이풀
◆ 개화기 / 6월 초순~9월 하순
◆ 결실기 / 8~11월
◆ 참고 / 울릉도, 제주도 및 남부 지방에 분포하는 '뱀무'에 비해서 흔하다. 열매가 다른 물체에 달라붙는다.

| 1 | 2 | 3 | 4 | 5 | 6 | 7 | 8 | 9 | 10 | 11 | 12 |

1998. 6. 29. 경상북도 금오산

◆ 분포 // 전국
◆ 생육지 / 높은 산의 바위 겉
◆ 출현 빈도 / 비교적 흔함
◆ 생활형 / 여러해살이풀
◆ 개화기 / 6월 초순~8월
  중순
◆ 결실기 / 8~10월
◆ 참고 / 양지바른 바위 겉에
  서 자라므로 이 같은 이름
  이 붙여졌다.

돌양지꽃 | 장미과

Potentilla dickinsii Franch. et Sav.

전체에 누운 털이 많다. 줄기는 가늘고 길며, 높이 10~20cm이다. 뿌리잎은 작은잎 5~7장 또는 3장으로 이루어진 겹잎이다. 작은잎은 난형, 가장자리에 날카로운 톱니가 있다. 꽃은 가지 끝에 취산 꽃차례로 달리며, 노란색이고, 지름은 1cm쯤이다. 꽃잎은 5장, 난형으로 끝이 둥글거나 조금 오목하다. 열매는 수과이며, 희미한 주름이 있다.

1	2	3	4	5	6	7	8	9	10	11	12

1996. 7. 1. 백두산

물싸리 | 장미과

Potentilla fruticosa L. var. *rigida* (Wall.)
Th. Wolf

줄기는 가지가 많이 갈라지며, 높이 0.3~
1.5m이다. 잎은 어긋나며, 작은잎 3~5장으
로 된 깃꼴겹잎이다. 작은잎은 타원형으로 가
장자리에 가는 털이 난다. 꽃은 잎겨드랑이에
1개씩 달리거나 줄기 끝에 몇 개씩 달리며,
노란색이고 지름 1.5~2.5cm이다. 꽃자루에
희고 부드러운 털이 많다. 열매는 수과이며,
난형이고, 윤이 난다.

◆ 분포 / 북부 지방
◆ 생육지 / 높은 산의 습기가
많은 땅
◆ 출현 빈도 / 비교적 드묾
◆ 생활형 / 갈잎떨기나무
◆ 개화기 / 6월 중순~8월
초순
◆ 결실기 / 8~9월
◆ 참고 / 남한에는 자라지 않
는다. 나무라는 특징상 양
지꽃속에서 분리하여 물싸
리속(*Dasiphora*)으로 분류
하기도 한다.

| 1 | 2 | 3 | 4 | 5 | 6 | 7 | 8 | 9 | 10 | 11 | 12 |

1995. 6. 28. 강원도 금대봉

◆ 분포/제주도를 제외한 전국
◆ 생육지/높은 산의 숲 속
◆ 출현 빈도/비교적 드묾
◆ 생활형/갈잎떨기나무
◆ 개화기 / 5월 중순~7월 중순
◆ 결실기/8~9월
◆ 참고/높은 산의 숲 속에서 자라며, 꽃이 분홍색 또는 연분홍색이므로 '생열귀나무'와 구분된다.

민둥인가목 | 장미과

Rosa acicularis Lindl.

줄기는 붉은 갈색이며, 바늘 모양의 가시가 나고, 높이 0.5~1.0m이다. 잎은 얇고, 작은잎 3~7장으로 된 깃꼴겹잎이다. 작은잎은 타원형이며, 잎 앞면은 연한 녹색이고, 뒷면은 흰빛이 돌며 털이 난다. 꽃은 가지 끝에 1개씩 달리며, 분홍색이고, 지름은 3~4cm이다. 꽃받침잎 안쪽과 가장자리에 흰 털이 많다. 열매는 장미과이며, 긴 타원형이다.

| 1 | 2 | 3 | 4 | 5 | 6 | 7 | 8 | 9 | 10 | 11 | 12 |

85

1995. 5. 31. 강원도 가리왕산

생열귀나무 | 장미과

Rosa davurica Pall.

줄기는 모여나며, 납작한 가시가 있고, 높이 1.0~1.5m이다. 잎은 어긋나며, 작은잎 7~9장으로 된 깃꼴겹잎이다. 작은잎은 타원형이며 끝이 뾰족하고, 가장자리에 잔 톱니가 있다. 잎 뒷면에 털과 샘털이 난다. 꽃은 햇가지 끝에 1~3개씩 달리며, 진분홍색, 지름은 3~4cm이다. 꽃자루에 털이 없다. 열매는 장미과이며, 둥글고, 붉게 익는다.

| 1 | 2 | 3 | 4 | 5 | 6 | 7 | 8 | 9 | 10 | 11 | 12 |

◆ 분포 / 중부 이북
◆ 생육지 / 논과 밭의 둑, 산 중턱 자갈밭
◆ 출현 빈도 / 비교적 드묾
◆ 생활형 / 갈잎떨기나무
◆ 개화기 / 5월 초순~6월 중순
◆ 결실기 / 7~9월
◆ 참고 / 비교적 낮은 곳에 자라며, 꽃이 진분홍색이므로 '민둥인가목'과 구분된다.

장미목 (Rosales)

1995. 7. 8. 설악산

- ◆ 분포 / 중부 이북
- ◆ 생육지 / 높은 산의 숲 속
- ◆ 출현 빈도 / 매우 드묾
- ◆ 생활형 / 갈잎떨기나무
- ◆ 개화기 / 5월 중순~7월 중순
- ◆ 결실기 / 8~10월
- ◆ 참고 / 남한에서는 설악산 의 해발 1500m 지역에서 매우 드물게 자란다.

흰인가목 | 장미과

Rosa koreana Kom.

줄기는 가지가 많이 갈라지며, 높이 1.0~1.5m이다. 어린 가지는 짙은 붉은색이며, 바늘 같은 가시가 많다. 잎은 어긋나며, 작은잎 7~15장으로 된 깃꼴겹잎이다. 작은잎은 타원형, 가장자리에 안으로 굽은 톱니가 있다. 꽃은 가지 끝에서 1개씩 피며, 흰색이고, 지름은 2.5~4.0cm이다. 열매는 장미과이며, 붉게 익고, 방추형이다.

| 1 | 2 | 3 | 4 | 5 | 6 | 7 | 8 | 9 | 10 | 11 | 12 |

1997. 9. 3. 전라북도 변산 반도   열매

해당화 | 장미과

Rosa rugosa Thunb.

줄기는 모여나며, 바늘 모양의 가시와 가
시 모양의 털이 나고, 높이는 1.0~1.5m이다.
잎은 어긋나며, 작은잎 7~9장으로 된 깃꼴겹
잎이다. 작은잎은 타원형, 가장자리에 톱니가
있다. 꽃은 가지 끝에 1~3개씩 달리며, 붉은
자주색 또는 드물게 흰색이고, 지름은 6~10
cm이다. 꽃자루는 잔털이 많고 가시가 나기
도 하며, 길이는 1~3cm이다. 열매는 장미과
이며, 둥글납작하다.

1 2 3 4 5 6 7 8 9 10 11 12

◆ 분포 / 전국
◆ 생육지 / 바닷가 모래땅
◆ 출현 빈도 / 비교적 흔함
◆ 생활형 / 갈잎떨기나무
◆ 개화기 / 5월 초순~7월
  하순
◆ 결실기 / 8~10월
◆ 참고 / 바닷가에서 자라며,
  열매는 익을수록 노란색에
  서 차츰 붉게 변한다.

1990. 5. 27. 제주도

◆ 분포 / 남부 지방
◆ 생육지 / 바닷가의 돌밭과 잔디밭
◆ 출현 빈도 / 흔함
◆ 생활형 / 덩굴나무
◆ 개화기 / 5월 초순~7월 하순
◆ 결실기 / 9~10월
◆ 참고 / 겨울에도 잎이 조금 남아 있는 반상록성 식물이다.

돌가시나무 | 장미과

Rosa wichuraiana Crép.

줄기는 가지가 많이 갈라지고, 가시가 많으며, 털이 없다. 잎은 어긋나며, 두껍고, 작은잎 7~9장으로 된 깃꼴겹잎이다. 작은잎은 타원형, 가장자리에 톱니가 있다. 잎 앞면은 윤이 나며, 뒷면은 연한 녹색이다. 꽃은 가지 끝에 원추 꽃차례로 1~5개씩 달리며, 흰색이고, 지름은 3cm쯤이다. 열매는 장미과이며, 난상 원형이고, 붉게 익는다.

| 1 | 2 | 3 | 4 | 5 | 6 | 7 | 8 | 9 | 10 | 11 | 12 |

1995. 7. 6. 강원도 응복산

멍석딸기 | 장미과

Rubus parvifolius L.

줄기는 옆으로 길게 뻗으며, 가시와 털이
있고, 길이 1~2m이다. 잎은 어긋나며, 작은
잎 3장으로 된 겹잎이다. 끝의 작은잎은 넓은
난형, 가장자리에 겹톱니가 있다. 꽃은 줄기
끝에 산방 꽃차례 또는 원추 꽃차례로 달리
며, 분홍색이고, 지름은 1cm쯤이다. 꽃받침
잎은 피침형이고, 겉에 가시 같은 털이 난다.
열매는 핵과가 모인 취과이며, 붉게 익는다.

◆ 분포 / 전국
◆ 생육지 / 양지바른 산지 또
는 들판
◆ 출현 빈도 / 흔함
◆ 생활형 / 갈잎떨기나무
◆ 개화기 / 5월 초순~7월
초순
◆ 결실기 / 7~8월
◆ 참고 / 열매를 먹을 수 있다.

| 1 | 2 | 3 | 4 | 5 | 6 | 7 | 8 | 9 | 10 | 11 | 12 |

1987. 7. 4. 설악산

◆ 분포 / 전국
◆ 생육지 / 높은 산의 숲 가장
　자리
◆ 출현 빈도 / 흔함
◆ 생활형 / 갈잎떨기나무
◆ 개화기 / 5월 초순~7월
　초순
◆ 결실기 / 7~8월
◆ 참고 / '붉은가시딸기'라고
　도 하며, 열매를 먹을 수
　있다.

곰딸기 (붉은가시딸기) | 장미과

Rubus phoenicolasius Maxim.

　줄기는 끝이 밑으로 처지며, 높이는 3m쯤
이다. 어린 줄기, 잎줄기, 꽃차례, 꽃받침에
붉은 샘털이 많다. 잎은 어긋나며, 작은잎
3~5장으로 된 깃꼴겹잎이다. 작은잎은 넓은
난형이며, 가장자리에 불규칙한 톱니가 있다.
꽃은 햇가지 끝에 총상 꽃차례로 달리며, 연
분홍색 또는 흰색이다. 꽃잎은 도란형이고 꽃
받침보다 짧다. 열매는 핵과가 모인 취과이
며, 둥글고, 붉게 익는다.

| 1 | 2 | 3 | 4 | 5 | 6 | 7 | 8 | 9 | 10 | 11 | 12 |

1986. 8. 15. 지리산

산오이풀 | 장미과

Sanguisorba hakusanensis Makino

전체에 털이 없다. 뿌리줄기는 굵고, 옆으로 조금 뻗는다. 줄기는 높이 40~80cm이다. 잎은 어긋나며, 깃꼴겹잎이다. 뿌리잎은 잎자루가 길고, 작은잎이 9~13장이다. 작은잎은 긴 타원형으로 가장자리에 날카로운 톱니가 있다. 꽃은 가지 끝에 이삭 꽃차례로 달리며, 붉은색이다. 꽃차례의 위쪽 꽃부터 핀다. 꽃잎은 없다. 열매는 수과이다.

◆ 분포 / 제주도를 제외한 남부 및 중부
◆ 생육지 / 높은 산의 능선
◆ 출현 빈도 / 비교적 드묾
◆ 생활형 / 여러해살이풀
◆ 개화기 / 7월 하순~9월 중순
◆ 결실기 / 9~10월
◆ 참고 / 우리 나라 특산의 변종으로 보는 견해도 있지만, 일본 것과 같은 종으로 본다. 드물게 흰 꽃이 피는 개체가 있다.

| 1 | 2 | 3 | 4 | 5 | 6 | 7 | 8 | 9 | 10 | 11 | 12 |

1994. 7. 20. 백두산

◆ 분포 / 북부 지방
◆ 생육지 / 높은 산의 숲 속 또는 풀밭
◆ 출현 빈도 / 비교적 드묾
◆ 생활형 / 여러해살이풀
◆ 개화기 / 7월 초순~8월 하순
◆ 결실기 / 10월
◆ 참고 / 우리 나라에 자라는 오이풀속 식물 가운데 유일하게 꽃차례의 아래쪽 꽃부터 핀다.

큰오이풀 | 장미과

Sanguisorba stipulata Raf.

전체에 털이 거의 없지만 밑부분에만 조금 나기도 한다. 뿌리줄기는 굵고, 옆으로 누워 자란다. 줄기는 높이 20~100cm이다. 잎은 어긋나며, 깃꼴겹잎이다. 뿌리잎은 작은잎 9~15장으로 이루어진다. 꽃은 줄기 끝에 이삭 꽃차례로 달리며, 흰색이지만 가끔 녹색을 띠기도 한다. 꽃차례 아래쪽 꽃부터 핀다. 열매는 수과이다.

| 1 | 2 | 3 | 4 | 5 | 6 | 7 | 8 | 9 | 10 | 11 | 12 |

1996. 8. 7. 설악산

쉬땅나무 | 장미과

Sorbaria sorbifolia (L.) A. Braun var.
stellipila Maxim.

줄기는 모여나며, 높이 1~2m이다. 잎은 어긋나며, 작은잎 13~23장으로 된 깃꼴겹잎이다. 작은잎은 피침형, 끝이 꼬리처럼 뾰족하고, 가장자리에 겹톱니가 있다. 잎 뒷면에 별 모양의 털이 난다. 꽃은 가지 끝에 겹총상 꽃차례로 달리며, 흰색이고, 지름은 7~8mm이다. 꽃잎은 5장이고, 둥글다. 열매는 골돌이며, 긴 타원형이다.

◆ 분포 / 중부 이북
◆ 생육지 / 숲 가장자리
◆ 출현 빈도 / 비교적 흔함
◆ 생활형 / 갈잎떨기나무
◆ 개화기 / 6월 초순~7월 중순
◆ 결실기 / 8~10월
◆ 참고 / 꽃이 아름다우므로 울타리에 심으면 좋고, 어린잎은 나물로 먹는다.

| 1 | 2 | 3 | 4 | 5 | 6 | 7 | 8 | 9 | 10 | 11 | 12 |

1987. 7. 5. 경기도

- 분포 / 제주도를 제외한 전국
- 생육지 / 산지 및 들판의 습기가 많은 곳
- 출현 빈도 / 비교적 흔함
- 생활형 / 갈잎떨기나무
- 개화기 / 6월 중순~8월 중순
- 결실기 / 9~10월
- 참고 / 우리 나라의 조팝나무속 식물 가운데 유일하게 원추 꽃차례를 이루므로 구분된다.

꼬리조팝나무 | 장미과

Spiraea salicifolia L.

줄기는 모여나며, 높이는 1~2m이다. 잎은 어긋나며, 피침형으로 끝이 뾰족하고, 가장자리에 날카로운 톱니 또는 겹톱니가 있다. 잎 앞면은 녹색, 뒷면은 연한 녹색이다. 잎자루에 털이 없다. 꽃은 햇가지 끝에 원추 꽃차례로 달리며, 연한 붉은색이다. 꽃차례와 꽃자루에 털이 많다. 꽃잎은 5장이며, 둥글다. 열매는 골돌이며, 털이 있다.

1	2	3	4	5	6	7	8	9	10	11	12

1992. 6. 8. 강원도 태백산

갈기조팝나무 | 장미과

Spiraea trichocarpa Nakai

줄기는 모여나며, 활처럼 휘어지고, 높이
는 1~2m이다. 잎은 어긋나며, 타원형 또는
도란형이다. 잎 가장자리는 밋밋하지만, 꽃이
피지 않는 가지의 잎은 중앙 이상에 톱니가
있기도 하며 크기도 더욱 크다. 꽃은 햇가지
끝에 겹산방 꽃차례로 달리며, 흰색이다. 작
은 꽃자루와 꽃받침통에 털이 난다. 꽃잎은
둥글며, 끝이 오목하다. 열매는 골돌이다.

◆ 분포 / 중부 이북
◆ 생육지 / 석회암 지대의 숲
  가장자리
◆ 출현 빈도 / 비교적 드묾
◆ 생활형 / 갈잎떨기나무
◆ 개화기 / 5월 중순~7월
  하순
◆ 결실기 / 9~10월
◆ 참고 / 충청북도, 강원도의
  석회암 지대 및 북부 지방
  에서 자란다.

| 1 | 2 | 3 | 4 | 5 | 6 | 7 | 8 | 9 | 10 | 11 | 12 |

1998. 7. 2. 제주도

◆ 분포 / 중부 이남
◆ 생육지 / 산기슭 양지
◆ 출현 빈도 / 흔함
◆ 생활형 / 갈잎작은키나무
◆ 개화기 / 6월 초순~7월 하순
◆ 결실기 / 9~10월
◆ 참고 / 장마가 시작될 무렵에 꽃이 피기 시작하므로, 장마를 예고해 주는 식물이라 할 수 있다.

자귀나무 | 콩과

Albizzia julibrissin Durazz.

줄기는 가지가 넓게 퍼지며, 높이는 5~15 m이다. 잎은 어긋나며, 2회 갈라지는 깃꼴겹잎으로 첫째 번 갈래는 5~12쌍이고, 각 갈래에 작은잎이 15~30쌍씩 붙는다. 작은잎은 자루가 없이 마주나며, 밤에 접힌다. 꽃은 가지 끝에 난 꽃대에 두상화 20여 개가 총상 꽃차례로 달리며, 붉은색이다. 열매는 협과이며, 납작한 긴 타원형, 씨가 7~15개씩 들어 있다.

| 1 | 2 | 3 | 4 | 5 | 6 | 7 | 8 | 9 | 10 | 11 | 12 |

1992. 8. 10. 한라산

한라황기 | 콩과

Astragalus membranaceus (Fisch.)
Bunge var. *alpinus* Nakai

전체에 잔털이 많다. 줄기는 모여나며, 조금
누워서 자라고, 높이는 15~20cm이다. 잎은
어긋나며, 작은잎 11~41장으로 된 깃꼴겹잎이
다. 작은잎은 넓은 타원형으로 끝이 뾰족하고,
가장자리가 밋밋하다. 꽃은 잎겨드랑이에 총
상 꽃차례로 5~20개씩 달리며, 흰빛이 도는
노란색이고, 나비 모양이다. 열매는 협과이다.

◆ 분포 / 한라산
◆ 생육지 / 고지대의 풀밭
◆ 출현 빈도 / 드묾
◆ 생활형 / 여러해살이풀
◆ 개화기 / 7월 초순~8월
  중순
◆ 결실기 / 9~10월
◆ 참고 / 한라산 정상 부근에
  서만 자라는 우리 나라 특
  산 식물이며, 멸종 위기를
  맞고 있다. '제주황기' 라고
  도 한다.

| 1 | 2 | 3 | 4 | 5 | 6 | 7 | 8 | 9 | 10 | 11 | 12 |

2002. 7. 25. 강원도 삼척

◆ 분포 / 강원도
◆ 생육지 / 석회암 지대의 숲 속 또는 숲 가장자리
◆ 출현 빈도 / 드묾
◆ 생활형 / 여러해살이풀
◆ 개화기 / 7월 중순~8월 중순
◆ 결실기 / 8~10월
◆ 참고 / 우리 나라 특산 식물 (A. koraiensis Y. N. Lee) 로 알려져 왔으나, 일본의 것과 같은 종으로 본다. 일 본에서는 자생지에서 멸종 하였다.

정선황기 | 콩과

Astragalus sikokianus Nakai

줄기는 옆으로 조금 누워서 자라며, 길이 는 30~50cm이다. 잎은 작은잎 15~21장으 로 된 깃꼴겹잎이다. 작은잎은 타원형으로 끝 이 뾰족하고, 가장자리가 밋밋하다. 꽃은 잎 겨드랑이에서 나온 꽃대 끝에 두상 꽃차례를 닮은 짧은 총상 꽃차례를 이루어 피며, 노란 색이다. 꽃받침은 털이 나고, 끝이 5갈래로 갈라진다. 열매는 협과이며, 원통 모양이고, 끝이 날카롭다.

| 1 | 2 | 3 | 4 | 5 | 6 | 7 | 8 | 9 | 10 | 11 | 12 |

1995. 7. 28. 백두산

흰색 꽃

두메자운 | 콩과

Oxytropis anertii Nakai

뿌리는 곧고 굵다. 줄기는 매우 짧다. 잎은
짧은 줄기 끝에 모여나며, 작은잎 11~33장으
로 이루어진 깃꼴겹잎, 길이 5~15cm이다.
작은잎은 마주나며, 피침형으로 뒷면에 털이
난다. 꽃은 잎 사이에 난 꽃대 끝에 5~10개
가 총상 꽃차례로 달리며, 붉은 보라색이다.
열매는 협과이며, 난상 타원형, 끝이 부리 모
양으로 되고 겉에 긴 털이 난다.

◆ 분포 / 북부 지방
◆ 생육지 / 높은 산의 풀밭
◆ 출현 빈도 / 드묾
◆ 생활형 / 여러해살이풀
◆ 개화기 / 6월 중순~8월
  중순
◆ 결실기 / 7~9월
◆ 참고 / 남한에는 분포하지
  않는 북방계 식물이며, 드
  물게 흰색 꽃이 피는 개체
  도 발견된다.

| 1 | 2 | 3 | 4 | 5 | 6 | 7 | 8 | 9 | 10 | 11 | 12 |

1995. 8. 7. 제주도

◆ 분포 / 제주도
◆ 생육지 / 바닷가 모래땅
◆ 출현 빈도 / 드묾
◆ 생활형 / 여러해살이풀
◆ 개화기 / 6월 중순~8월
　하순
◆ 결실기 / 9~10월
◆ 참고 / 비양도, 차귀도, 토
　끼섬 등에 드물게 자라며,
　보호해야 할 식물이다. 독
　성이 강하다.

해녀콩 | 콩과

Canavalia lineata (Thunb.) DC.

줄기는 길며, 처음에는 짧고 밑을 향한 털
이 조금 나지만 나중에는 없어진다. 잎은 어
긋나며, 작은잎 3장으로 이루어진 겹잎이다.
작은잎은 두껍고, 표면에 누운 털이 드문드문
나며, 뒷면은 노란빛을 띤다. 꽃은 잎겨드랑
이에 총상 꽃차례로 달리며, 연한 자주색이
다. 꽃대는 길고, 마디가 통통하다. 열매는
협과이며, 납작한 긴 타원형이다.

| 1 | 2 | 3 | 4 | 5 | 6 | 7 | 8 | 9 | 10 | 11 | 12 |

장미목 (Rosales)

2003. 7. 26. 전라북도 내장산

큰도둑놈의갈고리 | 콩과

Desmodium oldhami Oliv.

뿌리줄기는 굵고, 나무질이다. 줄기는 높
이 50~150cm이고, 털이 난다. 잎은 어긋나
며, 작은잎 7장으로 된 겹잎이지만 3장 또는
5장인 경우도 있다. 작은잎은 긴 타원형, 가
장자리가 밋밋하다. 꽃은 줄기 끝에 총상 꽃
차례로 피며, 연한 붉은색, 나비 모양이다.
열매는 협과이며, 잘록한 마디가 1~2개 있
고, 겉에 갈고리 같은 털이 있다.

◆ 분포 / 전국
◆ 생육지 / 숲 가장자리
◆ 출현 빈도 / 비교적 흔함
◆ 생활형 / 여러해살이풀
◆ 개화기 / 7월 하순~8월
   하순
◆ 결실기 / 9~10월
◆ 참고 / 흰색 꽃이 피는 개체
   가 드물게 발견된다.

| 1 | 2 | 3 | 4 | 5 | 6 | 7 | 8 | 9 | 10 | 11 | 12 |

1985. 6. 7. 경기도 관악산

◆ 분포 / 전국
◆ 생육지 / 산기슭 양지
◆ 출현 빈도 / 흔함
◆ 생활형 / 갈잎떨기나무
◆ 개화기 / 5월 초순~6월
  하순
◆ 결실기 / 10월
◆ 참고 / 풀의 성질을 많이 가
  진 떨기나무로서 겨울에
  줄기 위쪽이 죽는다.

땅비싸리 | 콩과

Indigofera kirilowii Maxim.

줄기는 모여나며, 높이는 1m쯤이다. 잎은 어긋나며, 작은잎 7~13장으로 된 깃꼴겹잎이다. 작은잎은 타원형, 가장자리가 밋밋하다. 꽃은 잎겨드랑이에 총상 꽃차례로 피며, 연한 붉은색, 나비 모양이다. 꽃받침은 2갈래로 갈라지며, 가장자리에 털이 난다. 기판은 타원형이다. 열매는 협과이며, 선형이다.

| 1 | 2 | 3 | 4 | 5 | 6 | 7 | 8 | 9 | 10 | 11 | 12 |

1995. 8. 25. 제주도

낭아초 | 콩과

Indigofera pseudo-tinctoria Matsum.

줄기는 가지가 많이 갈라져 옆으로 자라
며, 길이는 0.5~2.0m이다. 잎은 어긋나며,
작은잎 5~11장으로 된 깃꼴겹잎이다. 작은잎
은 긴 타원형으로 끝에 작은 돌기가 있고, 가
장자리가 밋밋하다. 꽃은 잎겨드랑이에 총상
꽃차례로 달리며, 연한 붉은색이다. 꽃받침은
5갈래로 갈라지고, 기판은 긴 타원상 도란형
이다. 열매는 협과이다.

◆ 분포 / 남부 지방
◆ 생육지 / 바닷가의 숲 가장
  자리
◆ 출현 빈도 / 비교적 흔함
◆ 생활형 / 갈잎떨기나무
◆ 개화기 / 7월 초순~9월
  초순
◆ 결실기 / 9~10월
◆ 참고 / 풀의 성질을 가지고
  있는 떨기나무이다.

1	2	3	4	5	6	7	8	9	10	11	12

1997. 7. 28. 경상북도 점촌

◆ 분포 / 전국
◆ 생육지 / 숲 가장자리 또는 들판
◆ 출현 빈도 / 흔함
◆ 생활형 / 여러해살이풀
◆ 개화기 / 6월 하순~8월 하순
◆ 결실기 / 8~10월
◆ 참고 / 어린 순은 나물로 먹는다.

활량나물 | 콩과

Lathyrus davidii Hance

줄기는 매끈하고, 세로줄이 지며, 높이는 80~150cm이다. 잎은 어긋나며, 작은잎 6장 또는 8장으로 이루어진 깃꼴겹잎이다. 줄기 아래쪽의 잎 끝에 발달하는 덩굴손은 가시 모양이고, 위쪽 잎의 덩굴손은 길고 2~3갈래로 갈라진다. 꽃은 잎겨드랑이에 난 긴 꽃대 위쪽에 총상 꽃차례를 이루어 달리며, 노란색이지만 나중에 갈색으로 변한다. 열매는 협과이다.

| 1 | 2 | 3 | 4 | 5 | 6 | 7 | 8 | 9 | 10 | 11 | 12 |

2003. 7. 26. 경기도

다릅나무 | 콩과

Maackia amurensis Rupr. et Maxim.

줄기는 곧추서며, 가지가 많이 갈라지고, 높이는 10~20m이다. 잎은 어긋나며, 작은 잎 5~11장으로 된 깃꼴겹잎이다. 작은잎은 타원형이고 가장자리가 뒤로 조금 말린다. 꽃은 줄기 끝에 총상 꽃차례로 달리며, 노란빛이 도는 흰색, 나비 모양이다. 꽃잎 기판은 도란형, 위쪽에 깊은 홈이 있다. 열매는 협과이며, 납작한 타원형이다.

◆ 분포 / 전국
◆ 생육지 / 숲 속
◆ 출현 빈도 / 비교적 흔함
◆ 생활형 / 갈잎큰키나무
◆ 개화기 / 6월 중순~7월 하순
◆ 결실기 / 8~9월
◆ 참고 / 제주도에 분포하는 '솔비나물'에 비해서 키가 더 크고, 전국에 걸쳐 분포하므로 구분된다.

| 1 | 2 | 3 | 4 | 5 | 6 | 7 | 8 | 9 | 10 | 11 | 12 |

2002. 7. 29. 전라남도 해남

◆ 분포 / 남부 지방
◆ 생육지 / 숲 가장자리
◆ 출현 빈도 / 매우 드묾
◆ 생활형 / 갈잎덩굴나무
◆ 개화기 / 7월 초순~8월 중순
◆ 결실기 / 9~10월
◆ 참고 / 거제도, 해남, 진도 등지에 드물게 자라는 멸종 위기 식물이다. 전국에서 자라는 '등'에 비해서 전체 가 작고 꽃이 여름에 핀다.

애기등 | 콩과

Milletia japonica (Siebold et Zucc.) A. Gray

줄기는 가지가 갈라지며, 다른 물체를 오른쪽부터 감아 올라가고, 길이는 2~6m이다. 잎은 어긋나며, 작은잎 11~15장으로 된 깃꼴겹잎이다. 작은잎은 난형, 가장자리가 밋밋하다. 꽃은 잎겨드랑이에 총상 꽃차례로 피며, 녹색이 조금 도는 흰색 나비 모양이고, 연약해 잘 떨어진다. 꽃잎 기판은 도란형이다. 열매는 협과이며, 납작한 긴 타원형이다.

| 1 | 2 | 3 | 4 | 5 | 6 | 7 | 8 | 9 | 10 | 11 | 12 |

1997. 9. 2. 전라북도 변산 반도

칡 | 콩과

Pueraria lobata (Willd.) Ohwi

뿌리는 굵고, 땅 속으로 깊게 뻗는다. 줄기는 다른 물체를 감고 올라가며, 겉에 갈색 또는 흰색의 퍼진 털과 뒤로 구부러진 털이 많다. 잎은 어긋나며, 작은잎 3장으로 된 겹잎이다. 꽃은 잎겨드랑이에 총상 꽃차례로 달리며, 붉은 보라색이다. 수술은 10개, 서로 붙어서 한 뭉치로 된다. 열매는 협과이며, 선형이고, 겉에 밤색 털이 많다.

◆ 분포 / 전국
◆ 생육지 / 산기슭 양지
◆ 출현 빈도 / 흔함
◆ 생활형 / 갈잎덩굴나무
◆ 개화기 / 7월 초순~9월 초순
◆ 결실기 / 9~10월
◆ 참고 / 꽃은 향기가 진하며, 매우 드물게 흰색도 있다.

| 1 | 2 | 3 | 4 | 5 | 6 | 7 | 8 | 9 | 10 | 11 | 12 |

1989. 7. 7. 서울 북한산

◆ 분포 / 전국
◆ 생육지 / 숲 속 또는 들판
◆ 출현 빈도 / 비교적 흔함
◆ 생활형 / 여러해살이풀
◆ 개화기 / 6월 중순~8월 중순
◆ 결실기 / 8~9월
◆ 참고 / 줄기 아래쪽이 나무질로 되며, '고삼'이라고도 한다.

도둑놈의지팡이(고삼) | 콩과

Sophora flavescens Sol. ex Aiton

뿌리는 굵다. 줄기는 곧추서며, 위쪽에서 가지가 갈라지고, 높이는 80~120cm이며, 아래쪽은 나무질이다. 잎은 어긋나며, 작은잎 13~23장으로 된 깃꼴겹잎이다. 작은잎은 긴 타원형이고 가장자리가 밋밋하다. 꽃은 줄기 끝에 총상 꽃차례로 한쪽으로 치우쳐 달리며, 연한 노란색이다. 꽃자루에 털이 많다. 열매는 협과이며, 원통형이다.

| 1 | 2 | 3 | 4 | 5 | 6 | 7 | 8 | 9 | 10 | 11 | 12 |

1995. 6. 30. 강원도 대덕산

노랑갈퀴 | 콩과

Vicia venosissima Nakai

전체에 털이 없다. 줄기는 곧추서며, 가지가 갈라지고, 높이는 60~80cm이다. 잎은 어긋나며, 작은잎 2~4쌍으로 된 깃꼴겹잎이다. 잎 끝에 매우 짧거나 흔적만 남은 덩굴손이 있다. 작은잎은 긴 난형으로 끝이 뾰족하고, 가장자리가 물결 모양이다. 꽃은 잎겨드랑이에서 난 긴 꽃대 위쪽에 총상 꽃차례를 이루어 달리며, 노란색이고, 나비 모양이다. 열매는 협과이다.

◆ 분포 / 중부 이북
◆ 생육지 / 습기가 있는 숲 속
◆ 출현 빈도 / 비교적 드묾
◆ 생활형 / 여러해살이풀
◆ 개화기 / 6월 중순~7월 중순
◆ 결실기 / 8~9월
◆ 참고 / 우리 나라 특산 식물이다.

| 1 | 2 | 3 | 4 | 5 | 6 | 7 | 8 | 9 | 10 | 11 | 12 |

1996. 8. 6. 설악산

◆ 분포// 전국
◆ 생육지 / 고지대의 풀밭
◆ 출현 빈도 / 드묾
◆ 생활형 / 여러해살이풀
◆ 개화기 / 7월 초순~8월
중순
◆ 결실기 / 8~9월
◆ 참고 / 북방계 고산 식물로
서 남한에서는 한라산, 설
악산, 가야산 등지에서 드
물게 발견된다. 보호해야
할 식물이다.

산쥐손이 | 쥐손이풀과

Geranium dahuricum DC.

뿌리는 방추형으로 굵게 발달한다. 줄기는
비스듬히 자라고, 가지가 갈라지며, 길이 30~
80cm이다. 뿌리잎은 둥글다. 줄기잎은 마주
나며, 위쪽의 것은 3~5갈래로 갈라진다. 꽃
은 잎겨드랑이나 가지 끝에서 난 꽃대 끝에 2
개씩 달리며, 붉은 보라색, 지름은 1.5~2.0cm
이다. 꽃자루는 열매가 익으면 구부러진다.
꽃잎은 5장, 도란형이다. 열매는 삭과이다.

1	2	3	4	5	6	7	8	9	10	11	12

111

1996. 8. 6. 설악산

둥근이질풀 | 쥐손이풀과

Geranium koreanum Kom.

줄기, 잎자루, 꽃줄기, 꽃자루에 짧고 퍼진 잔털이 있다. 줄기는 가지가 갈라지며, 아래쪽이 조금 눕고, 길이는 25~100cm이다. 뿌리잎과 아래쪽 줄기잎은 5갈래, 위쪽 줄기잎은 3갈래로 절반쯤 갈라진다. 꽃은 잎겨드랑이와 줄기 끝에서 난 긴 꽃대에 보통 2개씩 달리며, 연분홍색 또는 붉은 보라색이다. 열매는 삭과이다.

◆ 분포 / 전국
◆ 생육지 / 고지대의 풀밭
◆ 출현 빈도 / 비교적 드묾
◆ 생활형 / 여러해살이풀
◆ 개화기 / 6월 하순~8월 중순
◆ 결실기 / 8~9월
◆ 참고 / 꽃잎 모양, 꽃 색깔 등은 변이가 심하다. 중국 둥베이 지방에도 분포하는 고산 식물이다.

| 1 | 2 | 3 | 4 | 5 | 6 | 7 | 8 | 9 | 10 | 11 | 12 |

1997. 5. 19. 전라북도 덕유산

◆ 분포 / 전국
◆ 생육지 / 고지대의 풀밭
◆ 출현 빈도 / 비교적 드묾
◆ 생활형 / 여러해살이풀
◆ 개화기 / 5월 중순~7월 중순
◆ 결실기 / 7~9월
◆ 참고 / 줄기, 잎자루, 꽃대에 털이 매우 많아서 이 같은 이름이 붙여졌다. '둥근이질풀' 보다 꽃의 색깔이 연하고 더 일찍 꽃이 핀다.

털쥐손이 | 쥐손이풀과

Geranium eriostemon Fisch.

줄기는 위쪽에서 가지가 조금 갈라지고, 밑을 향한 퍼진 털이 많으며, 높이 45~70cm 이다. 잎은 줄기 아래쪽에서는 어긋나지만 위쪽에서는 마주난 것처럼 된다. 뿌리잎과 줄기 아래쪽 잎은 둥글고, 손바닥 모양으로 깊게 갈라진다. 꽃은 잎겨드랑이나 줄기 끝의 꽃대에 3~10개가 산형 꽃차례로 달리며, 붉은 보라색, 2.5~4.0cm이다. 열매는 삭과이다.

1	2	3	4	5	6	7	8	9	10	11	12

털쥐손이 군락지

1995. 6. 13. 강원도 금대봉

쥐손이풀목 (Geraniales)

1998. 7. 17. 전라남도 홍도

예덕나무 | 대극과

Mallotus japonicus (Thunb.) Muell.-Arg.

줄기는 곧추서며, 높이는 6~10m이다. 햇
가지에 별 모양의 털이 많다. 잎은 어긋나며,
둥근 도란형이고, 가장자리가 밋밋하거나 크
게 3갈래로 갈라진다. 잎자루는 길고, 붉은색
을 띤다. 꽃은 암수 딴그루로 피며, 원추 꽃
차례를 이루고, 녹색이 도는 노란색이다. 수
꽃차례는 가지가 갈라지며, 암꽃은 꽃자루가
있다. 열매는 삭과이다.

| 1 | 2 | 3 | 4 | 5 | 6 | 7 | 8 | 9 | 10 | 11 | 12 |

◆ 분포 / 남부 지방
◆ 생육지 / 산기슭
◆ 출현 빈도 / 흔함
◆ 생활형 / 갈잎작은키나무
◆ 개화기 / 6월 중순~7월
  하순
◆ 결실기 / 9~10월
◆ 참고 / 줄기의 껍질은 매끈
  하다. 암수 딴그루이며, 수
  나무의 수술이 많다.

116

1997. 5. 26. 제주도

◆ 분포 / 중부 이남
◆ 생육지 / 숲 속
◆ 출현 빈도 / 비교적 흔함
◆ 생활형 / 갈잎작은키나무
◆ 개화기 / 6월 초순~7월
  하순
◆ 결실기 / 9~10월
◆ 참고 / 암꽃과 수꽃이 한 그
  루에 달리는 암수 한그루
  이다. 가을철에 단풍이 아
  름답다.

사람주나무 | 대극과

Sapium japonicum (Siebold et Zucc.)
Pax et K. Hoffm.

줄기는 곧추서며, 높이는 8~10m이다. 잎
은 어긋나며, 타원형으로 끝이 급하게 뾰족해
지고, 가장자리가 밋밋하다. 꽃은 암수 한그
루로 피며, 햇가지 끝에 총상 꽃차례로 달리
고, 녹색이 도는 노란색이다. 꽃차례 위쪽에
는 수꽃이 많이 달리고, 아래쪽에는 암꽃이
2~3개 달린다. 열매는 삭과이며, 세모난 공
모양이고, 익으면 3갈래로 갈라진다.

1	2	3	4	5	6	7	8	9	10	11	12

1997. 6. 28. 충청남도 공주

광대싸리 | 대극과

Securinega suffruticosa (Pall.) Rehder

줄기는 곧추서며, 가지가 많이 갈라지고, 높이는 보통 1~3m이지만 10m까지 자라기도 한다. 잎은 어긋나며, 타원형, 가장자리가 밋밋하다. 꽃은 암수 딴그루로 피며, 잎겨드랑이에 모여 달리고, 노란빛이 난다. 수꽃은 2~12개씩 모여 피며, 꽃받침이 5갈래로 갈라지고, 수술은 5개, 퇴화한 암술의 흔적이 있다. 열매는 삭과이다.

◆ 분포 / 전국
◆ 생육지 / 숲 속
◆ 출현 빈도 / 흔함
◆ 생활형 / 갈잎떨기나무
◆ 개화기 / 6월 중순~7월 하순
◆ 결실기 / 8~9월
◆ 참고 / 잎 모양이 싸리속 식물과 비슷하다고 해서 '싸리'라는 이름이 붙었지만 콩과 식물은 아니다.

| 1 | 2 | 3 | 4 | 5 | 6 | 7 | 8 | 9 | 10 | 11 | 12 |

2001. 7. 31. 서울 관악산

열매

◆ 분포 / 전국
◆ 생육지 / 숲 속 또는 들판
◆ 출현 빈도 / 흔함
◆ 생활형 / 갈잎떨기나무
◆ 개화기 / 7월 중순~8월
  하순
◆ 결실기 / 9~10월
◆ 참고 / 줄기의 가시가 어긋
  나게 달리므로, 마주나는
  '초피나무'와 구분된다. 잎
  에서 향기가 강하게 난다.

산초나무 | 운향과

Zanthoxylum schinifolium Siebold et Zucc.

줄기는 곧추서며, 높이 2~5m이다. 줄기
에 가시가 어긋나게 달린다. 잎은 어긋나며,
작은잎 13~21장으로 된 깃꼴겹잎으로 냄새
가 강하게 난다. 작은잎은 잎줄기 위쪽에서는
마주나지만 아래쪽에서는 조금 어긋나게 붙
는다. 꽃은 암수 딴그루로 피며, 가지 끝에
원추 꽃차례로 작은 꽃이 많이 달리고, 연한
녹색이다. 열매는 삭과이다.

1	2	3	4	5	6	7	8	9	10	11	12

열매   1998. 5. 13. 충청북도 국사봉

소태나무 | 소태나무과

Picrasma quassioides (D. Don) Benn.

줄기는 높이 8~10m이다. 껍질의 맛이 쓰
다. 햇가지는 녹색이다. 잎은 작은잎 9~15장
으로 된 깃꼴겹잎이며, 작은잎은 난상 피침형
이고, 가장자리에 고르지 않은 톱니가 있다.
꽃은 암수 딴그루 또는 잡성으로 피며, 잎겨
드랑이에 산방 꽃차례로 작은 꽃이 많이 달리
고, 녹색이 도는 노란색이다. 열매는 핵과이
며, 타원형이다.

◆ 분포 / 전국
◆ 생육지 / 숲 속
◆ 출현 빈도 / 흔함
◆ 생활형 / 갈잎작은키나무
◆ 개화기 / 5월 중순~6월
  하순
◆ 결실기 / 8~9월
◆ 참고 / '소의 태처럼 쓰다'
  고 해서 이 같은 이름이
  붙여졌다.

| 1 | 2 | 3 | 4 | 5 | 6 | 7 | 8 | 9 | 10 | 11 | 12 |

1994. 8. 26. 지리산

◆ 분포 / 전국
◆ 생육지 / 숲 속 또는 숲 가장자리
◆ 출현 빈도 / 흔함
◆ 생활형 / 갈잎작은키나무
◆ 개화기 / 7월 초순~8월 중순
◆ 결실기 / 9~10월
◆ 참고 / 잎줄기 양쪽에 발달한 날개로 '옻나무'나 '개옻나무'와 쉽게 구분할 수 있다.

붉나무 | 옻나무과

Rhus javanica L.

줄기는 높이 4~6m이다. 햇가지는 노란빛이 돌고, 윤기가 난다. 잎은 어긋나며, 작은잎 7~13장으로 된 깃꼴겹잎으로 잎줄기 양쪽에 날개가 있다. 작은잎은 긴 타원형이고 가장자리에 거친 톱니가 있다. 꽃은 암수 딴그루로 피며, 햇가지 끝에 원추 꽃차례로 달리고, 노란빛이 도는 흰색이다. 열매는 핵과이며, 둥글고, 붉게 익는다.

1	2	3	4	5	6	7	8	9	10	11	12

1997. 6. 28. 경상북도 포항

모감주나무 | 무환자나무과

Koelreuteria paniculata Laxm.

줄기는 높이 6~15m이다. 잎은 어긋나며,
작은잎 7~15장으로 된 깃꼴겹잎이고, 길이는
25~35cm이다. 작은잎은 잎줄기에 어긋나며,
난상 긴 타원형으로 길이 4~10cm, 너비 3~5
cm, 가장자리에 거친 톱니가 있거나 깃꼴로
갈라진다. 꽃은 가지 끝에 원추 꽃차례로 피
며, 노란색이다. 꽃잎은 4장, 아래쪽에 붉은색
부속체가 있다. 열매는 삭과이다.

1	2	3	4	5	6	7	8	9	10	11	12

◆ 분포 / 중부 이남
◆ 생육지 / 바닷가의 숲 속 또
  는 숲 가장자리
◆ 출현 빈도 / 드묾
◆ 생활형 / 갈잎큰키나무
◆ 개화기 / 6월 중순~7월
  하순
◆ 결실기 / 9~10월
◆ 참고 / 안면도, 포항의 자생
  지가 천연기념물로 지정되
  어 있다. 씨앗으로 염주를
  만들며, 가로수나 정원수로
  심기도 한다.

1996. 10. 9. 한라산

꽃

◆ 분포 / 중부 이남
◆ 생육지 / 숲 속
◆ 출현 빈도 / 비교적 드묾
◆ 생활형 / 늘푸른떨기나무
◆ 개화기 / 5월 하순~7월
   초순
◆ 결실기 / 10월
◆ 참고 / 변산 반도의 자생지
   가 천연기념물로 지정되어
   있다.

꽝꽝나무 | 감탕나무과

Ilex crenata Thunb.

줄기는 가지가 많이 갈라지며, 높이는 1~
3m이다. 잎은 어긋나며, 가죽질에 타원형이
고, 가장자리에 가는 톱니가 있다. 잎 앞면은
짙은 녹색으로 윤이 나며, 뒷면은 연한 녹색
으로 샘점이 있다. 꽃은 암수 딴그루로 잎겨
드랑이에 달리며, 흰빛이 도는 녹색이다. 꽃
받침, 꽃잎, 수술은 각각 4개씩이다. 열매는
핵과이며, 둥글고, 검게 익는다.

| 1 | 2 | 3 | 4 | 5 | 6 | 7 | 8 | 9 | 10 | 11 | 12 |

123

열매   1985. 6. 6. 지리산

사철나무 | 노박덩굴과

Euonymus japonicus Thunb.

줄기는 높이 2~6m이다. 가지는 녹색이
며, 매끈하다. 잎은 마주나며, 가죽질에 긴
타원형이고, 가장자리에 둔한 톱니가 있다.
잎 앞면은 짙은 녹색으로 윤이 나며, 뒷면은
노란빛이 도는 녹색이다. 꽃은 잎겨드랑이에
취산 꽃차례로 달리며, 녹색이 도는 흰색이
다. 꽃받침은 4갈래로 갈라진다. 꽃잎은 4장
이고, 난형이다. 열매는 삭과이며, 둥글다.

◆ 분포 / 중부 이남
◆ 생육지 / 바닷가 산기슭
◆ 출현 빈도 / 비교적 흔함
◆ 생활형 / 늘푸른떨기나무
◆ 개화기 / 6월 초순~7월
하순
◆ 결실기 / 9~10월
◆ 참고 / 서울 등 중부 지방에
서도 겨울을 날 수 있으므
로 관상용으로 많이 심는다.

| 1 | 2 | 3 | 4 | 5 | 6 | 7 | 8 | 9 | 10 | 11 | 12 |

1994. 7. 5. 지리산

◆ 분포 / 제주도를 제외한 전국
◆ 생육지 / 높은 산의 숲 속
◆ 출현 빈도 / 드묾
◆ 생활형 / 갈잎떨기나무
◆ 개화기 / 6월 초순~7월
　　하순
◆ 결실기 / 9~10월
◆ 참고 / 가느다란 꽃대가 잎
　앞면의 주맥 위에 나란히
　붙어 있으며, 꽃이 잎 위에
　바싹 달라붙어서 달린다.

회목나무 | 노박덩굴과

Euonymus pauciflorus Maxim.

　줄기는 가지가 많이 갈라지며, 높이 2~4m
이다. 잎은 마주나며, 난상 타원형이고, 가장
자리에 잔 톱니가 있다. 잎 뒷면에 잔털이 있
다. 잎자루는 매우 짧다. 꽃은 잎겨드랑이에
난 길이 2cm쯤의 꽃대에 1~2개씩 달리며, 붉
은 갈색이다. 꽃잎은 4장이고, 둥글다. 수술은
4개, 수술대는 매우 짧거나 없다. 열매는 삭과
이며, 네모진 둥근 모양으로 붉게 익는다.

1	2	3	4	5	6	7	8	9	10	11	12

1997. 7. 26. 전라북도 덕유산

미역줄나무(메역순나무) | 노박덩굴과

Tripterygium regelii Sprague et Takeda

줄기는 가지가 많이 갈라지며, 겉에 모난 줄이 5~6개 있고, 길이는 2~4m이다. 잎은 어긋나며, 타원형으로 끝이 뾰족하고, 가장자리에 둔한 톱니가 있다. 꽃은 잎겨드랑이와 가지 끝에 원추 꽃차례로 달리며, 흰색이다. 꽃잎은 5장, 타원형이고, 꽃받침보다 길다. 열매는 시과이며, 날개가 3개 있고, 씨가 1개씩 들어 있다.

◆ 분포 / 전국
◆ 생육지 / 숲 속 또는 숲 가장자리
◆ 출현 빈도 / 흔함
◆ 생활형 / 갈잎덩굴나무
◆ 개화기 / 6월 중순~8월 중순
◆ 결실기 / 8~10월
◆ 참고 / '메역순나무' 라고도 한다. 열매에 날개가 있으며, 익어도 벌어지지 않는다.

| 1 | 2 | 3 | 4 | 5 | 6 | 7 | 8 | 9 | 10 | 11 | 12 |

2000. 8. 11. 경상북도 주왕산

◆ 분포 / 충청북도, 경상북도
◆ 생육지 / 숲 속
◆ 출현 빈도 / 매우 드묾
◆ 생활형 / 갈잎큰키나무
◆ 개화기 / 5월 중순~6월 하순
◆ 결실기 / 8~9월
◆ 참고 / 속리산, 월악산, 내연산, 주왕산, 주흘산, 등운산 등지에 분포하며, 일본과 중국에도 자란다. 멸종 위기를 맞고 있다.

망개나무 | 갈매나무과

Berchemia berchemiaefolia (Makino) Koidz.

줄기는 높이 10~15m이다. 가지는 붉은 갈색을 띠고, 종종 늘어진다. 잎은 어긋나며, 긴 타원형이고, 가장자리가 밋밋하거나 물결 모양의 톱니가 있다. 잎 뒷면은 흰 가루를 칠한 듯하다. 꽃은 가지 끝 잎겨드랑이에 취산 꽃차례 또는 가지 끝에 총상 꽃차례로 몇 개씩 모여 달리며, 녹색이 도는 노란색이다. 열매는 핵과이며, 처음에는 노란색이지만 붉게 익는다.

1	2	3	4	5	6	7	8	9	10	11	12

갈매나무목 (Rhamnales)

1994. 9. 8. 제주도

갯대추나무 | 갈매나무과

Paliurus ramosissimus (Lour.) Poir.

줄기는 가지가 많이 갈라지며, 높이 2~3m이다. 어린 나무에는 턱잎이 변해서 된 날카로운 가시가 있다. 잎은 어긋나며, 긴 타원형에 가죽질이고, 가장자리에 둔한 톱니가 있다. 꽃은 암수 한그루로 피며, 햇가지 위쪽의 잎겨드랑이에 취산 꽃차례로 달리고, 노란빛이 도는 녹색이다. 열매는 핵과이며, 끝에 3갈래로 된 넓은 날개가 있다.

| 1 | 2 | 3 | 4 | 5 | 6 | 7 | 8 | 9 | 10 | 11 | 12 |

◆ 분포 / 제주도
◆ 생육지 / 바닷가
◆ 출현 빈도 / 매우 드묾
◆ 생활형 / 갈잎떨기나무
◆ 개화기 / 6월 중순~8월 하순
◆ 결실기 / 9~10월
◆ 참고 / 제주도 해안의 개발로 자생지가 파괴되어 멸종 위기를 맞고 있다.

1994. 8. 20. 지리산

◆ 분포 / 전국
◆ 생육지 / 산기슭 또는 골짜기
◆ 출현 빈도 / 흔함
◆ 생활형 / 갈잎덩굴나무
◆ 개화기 / 6월 초순~7월 하순
◆ 결실기 / 9~10월
◆ 참고 / 머루속 식물과는 달리 열매가 남색으로 익으며, 먹을 수 없으므로 구분된다.

개머루 | 포도과

Ampelopsis brevipedunculata (Maxim.) Trautv.

줄기는 길이 4~6m이고, 껍질이 갈색이며, 마디가 볼록하다. 잎은 어긋나며, 심장상 난형으로 가장자리가 3~5갈래로 얕게 갈라지고, 갈래에 둔한 이 모양의 톱니가 있다. 잎 뒷면 잎줄 위에 잔털이 난다. 덩굴손은 마주나며, 2갈래로 갈라진다. 꽃은 양성화이며, 잎과 마주난 취산 꽃차례로 달리고, 녹색이다. 열매는 장과이며, 둥글고, 연한 남색으로 익는다.

| 1 | 2 | 3 | 4 | 5 | 6 | 7 | 8 | 9 | 10 | 11 | 12 |

열매　　　　　　　　　　　　　　　　　　1997. 6. 17. 지리산

새머루 | 포도과

Vitis flexuosa Thunb.

줄기는 길이 2~5m이다. 가지는 가늘고, 능선이 있다. 잎은 덩굴손과 마주나고, 난상 원형이며, 가장자리에 이 모양의 톱니가 있다. 잎 뒷면은 녹색, 잎줄 위와 겨드랑이에 털이난다. 꽃은 단성화로 잎과 마주난 원추 꽃차례로 피며, 노란빛이 도는 녹색이다. 꽃잎은 위쪽이 붙고 밑부분이 갈라져서 떨어진다. 열매는 둥근 장과이며, 지름 6~7mm, 검게 익는다.

◆ 분포 / 중부 이남
◆ 생육지 / 산기슭
◆ 출현 빈도 / 흔함
◆ 생활형 / 갈잎덩굴나무
◆ 개화기 / 6월 초순~7월 중순
◆ 결실기 / 9~10월
◆ 참고 / 열매를 먹을 수 있다.

| 1 | 2 | 3 | 4 | 5 | 6 | 7 | 8 | 9 | 10 | 11 | 12 |

1998. 7. 18. 전라남도 홍도

장구밤나무 | 피나무과

Grewia parviflora Bunge

줄기는 높이가 1~3m이고, 햇가지에는 별
모양의 털이 많다. 잎은 어긋나며, 넓은 타원
형이고, 가장자리에 불규칙한 겹톱니가 있다.
잎 앞면은 거칠고, 뒷면에 별 모양의 털이 많
다. 꽃은 잎겨드랑이에 취산 꽃차례 또는 산
형 꽃차례로 5~8개씩 달리며, 연한 노란색이
다. 열매는 장과이며, 노란색이거나 노란빛이
나는 붉은색으로 익는다.

1	2	3	4	5	6	7	8	9	10	11	12

아욱목 (Malvales)

2002. 7. 29. 전라남도 소안도

황근 | 아욱과

Hibiscus hamabo Siebold et Zucc.

줄기는 가지가 많이 갈라지며, 높이는 1~5 m이다. 잎은 어긋나며, 넓은 도란형이고, 가장자리에는 둔한 톱니가 있다. 잎 앞면은 녹색이고, 별 모양의 털이 드물게 난다. 꽃은 가지 끝 또는 잎겨드랑이에 1~2개씩 피며, 옅은 노란색, 지름 5~7cm이다. 꽃잎은 5장으로 둥글고, 겉에 별 모양의 털이 있다. 열매는 삭과이며, 난형, 5갈래로 갈라진다.

◆ 분포 / 제주도, 전라남도
◆ 생육지 / 바닷가
◆ 출현 빈도 / 매우 드묾
◆ 생활형 / 갈잎떨기나무
◆ 개화기 / 7월 초순~8월 중순
◆ 결실기 / 9~10월
◆ 참고 / 제주도와 소안도에서 매우 드물게 자라며, 멸종 위기를 맞고 있다. 황근(黃槿)은 '노란 꽃이 피는 무궁화'라는 뜻이다.

| 1 | 2 | 3 | 4 | 5 | 6 | 7 | 8 | 9 | 10 | 11 | 12 |

1995. 6. 20. 제주도

◆ 분포 / 제주도, 황해도
◆ 생육지 / 들의 풀밭
◆ 출현 빈도 / 매우 드묾
◆ 생활형 / 여러해살이풀
◆ 개화기 / 6월 초순~7월 하순
◆ 결실기 / 8~10월
◆ 참고 / 남한에서는 제주도에서만 자라며, 멸종 위기를 맞고 있다. 뿌리에서 붉은 빛이 나므로 이 같은 이름이 붙여졌다.

피뿌리풀 | 팥꽃나무과

Stellera chamaejasme L.

뿌리는 굵고, 나무질이며, 땅 속으로 40~50cm까지 깊게 들어간다. 줄기는 뿌리에서 여러 대가 모여나며, 높이 20~40cm, 털이 없고, 윤기가 있다. 잎은 어긋나며, 피침형, 가장자리가 밋밋하다. 꽃은 줄기 끝에 20~25개가 두상 꽃차례로 달리며, 붉은색이다. 열매는 수과이며, 타원형, 꽃받침에 싸여 있다.

| 1 | 2 | 3 | 4 | 5 | 6 | 7 | 8 | 9 | 10 | 11 | 12 |

2002. 8. 2. 전라남도 월출산

산닥나무 | 팥꽃나무과

Wikstroemia trichotoma (Thunb.) Makino

줄기는 가지가 많이 갈라지며, 높이는 0.5 ~1.0m이다. 잎은 마주나며, 타원상 난형으로 연하고, 가장자리가 밋밋하다. 잎자루는 매우 짧다. 꽃은 가지 끝에 총상 꽃차례로 5~10개씩 피어 전체가 원추 꽃차례처럼 되며, 노란색이다. 꽃받침이 화관처럼 보이며, 길이는 6~7mm이다. 꽃잎은 없다. 열매는 장과이며, 난상 타원형이다.

◆ 분포 / 남부 지방
◆ 생육지 / 바닷가 산
◆ 출현 빈도 / 드묾
◆ 생활형 / 갈잎떨기나무
◆ 개화기 / 7월 초순~8월 중순
◆ 결실기 / 9~10월
◆ 참고 / 남해안과 강화도에서 드물게 발견된다. 껍질은 종이를 만드는 데 쓴다.

| 1 | 2 | 3 | 4 | 5 | 6 | 7 | 8 | 9 | 10 | 11 | 12 |

1993. 8. 4. 강원도 오대산

◆ 분포 / 강원도 이북
◆ 생육지 / 숲 가장자리
◆ 출현 빈도 / 비교적 드묾
◆ 생활형 / 한해살이풀
◆ 개화기 / 8월 초순~9월 중순
◆ 결실기 / 9~10월
◆ 참고 / 우리 나라 중부 이북 과 중국 동베이 지방, 우수 리 등지에 분포하는 북방 계 식물이다.

산외 | 박과

Schizopepon bryoniaefolius Maxim.

줄기는 덩굴지어 다른 물체를 타고 올라가 며, 길이는 2~5m이다. 덩굴손은 끝이 2갈래 로 갈라진다. 잎은 어긋나며, 심장상 난형이고, 가장자리에 불규칙한 톱니가 있다. 꽃은 암수 한그루로 피며, 녹색이 도는 흰색이다. 암꽃은 잎겨드랑이에 1개씩 피며, 지름 5mm쯤이다. 수꽃은 잎겨드랑이에 원추 꽃차례로 여러 개가 달린다. 열매는 장과이며, 타원형이다.

1	2	3	4	5	6	7	8	9	10	11	12

박목 (Cucurbitales)

1997. 8. 17. 전라남도 고흥

하늘타리 | 박과

Trichosanthes kirilowii Maxim.

줄기는 덩굴지며, 길이는 2~6m이다. 덩굴
손은 잎과 마주나며, 끝이 2~3갈래로 갈라진
다. 잎은 어긋나며, 넓은 심장형, 5~7갈래로
깊게 갈라지고, 가장자리에 톱니가 있다. 꽃은
암수 한그루로 피며, 잎겨드랑이에 1개씩 달
리고, 흰색, 지름은 8~10cm이다. 화관은 5갈
래로 갈라진 다음 다시 가늘게 갈라진다. 열매
는 장과, 난형, 붉은빛이 도는 노란색으로 익
는다.

◆ 분포 / 중부 이남
◆ 생육지 / 산자락 또는 들판
◆ 출현 빈도 / 흔함
◆ 생활형 / 여러해살이풀
◆ 개화기 / 6월 초순~8월
　중순
◆ 결실기 / 9~10월
◆ 참고 / 열매는 한약재로 사
　용한다.

| 1 | 2 | 3 | 4 | 5 | 6 | 7 | 8 | 9 | 10 | 11 | 12 |

136

1995. 7. 25. 백두산

◆ 분포 / 강원도 이북
◆ 생육지 / 높은 산의 양지
◆ 출현 빈도 / 매우 드묾
◆ 생활형 / 여러해살이풀
◆ 개화기 / 6월 중순~8월 초순
◆ 결실기 / 8~10월
◆ 참고 / 남한에서는 함백산, 대관령, 설악산 등지에 분포하며, 멸종 위기를 맞고 있다. 꽃이 아름다우며, 씨앗으로 번식이 잘 된다.

분홍바늘꽃 | 바늘꽃과

Epilobium angustifolium L.

줄기는 곧추서며, 굵고, 높이는 50~150cm이다. 잎은 어긋나며, 피침형, 가장자리에 잔톱니가 있다. 잎자루는 거의 없다. 꽃은 줄기 끝에 총상 꽃차례로 많이 달리며, 붉은 보라색, 지름은 2~3cm이다. 꽃받침은 붉은 보라색이며 아래쪽까지 4갈래로 갈라진다. 꽃잎은 4장, 도란형으로 옆으로 벌어지며, 끝이 둥글다. 열매는 삭과이며, 좁고 긴 타원형이다.

1	2	3	4	5	6	7	8	9	10	11	12

2002. 8. 4. 경상북도 울릉도

큰바늘꽃 | 바늘꽃과

Epilobium hirsutum L.

뿌리줄기는 굵다. 줄기는 곧추서며, 가지
가 많이 갈라지고, 높이는 1~2m, 털이 많다.
잎은 마주나거나 위쪽에서는 어긋나며, 밑이
좁아져서 줄기를 감싸고, 가장자리에 톱니가
있다. 꽃은 줄기 위쪽의 잎겨드랑이에서 1개
씩 피며, 분홍색, 지름 1.5~2.5cm이다. 꽃잎
은 4장, 넓은 도란형이다. 암술머리는 4갈래
이다. 열매는 삭과이다.

| 1 | 2 | 3 | 4 | 5 | 6 | 7 | 8 | 9 | 10 | 11 | 12 |

◆ 분포 / 울릉도, 강원도 이북
◆ 생육지 / 습지
◆ 출현 빈도 / 매우 드묾
◆ 생활형 / 여러해살이풀
◆ 개화기 / 8월 초순~9월
  초순
◆ 결실기 / 9~10월
◆ 참고 / 남한에서는 울릉도
  와 정선에 분포하며, 멸종
  위기를 맞고 있다.

1995. 7. 6. 서울 도봉산

◆ 분포 / 중부 이남
◆ 생육지 / 숲 속
◆ 출현 빈도 / 비교적 드묾
◆ 생활형 / 갈잎떨기나무
◆ 개화기 / 5월 중순~7월
   초순
◆ 결실기 / 8~10월
◆ 참고 / 잎의 모양이 박쥐가
   날개를 펼친 것 같다 하여
   이 같은 이름이 붙여졌다.

박쥐나무 | 박쥐나무과

Alangium platanifolium (Siebold et Zucc.)
Harms var. *trilobum* (Miq.) Ohwi

   줄기 높이는 3~6m이다. 잎은 어긋나며, 둥근 모양 또는 오각형으로, 위쪽이 3 또는 5갈래로 갈라지고, 끝이 꼬리처럼 뾰족하다. 꽃은 잎겨드랑이 꽃대에 1~4개씩 달리며, 밑을 향하고, 노란빛이 도는 흰색이다. 꽃자루에 마디가 있다. 꽃잎은 6장, 선형, 뒤로 말린다. 열매는 핵과, 타원형, 검은빛이 도는 푸른색이다.

1	2	3	4	5	6	7	8	9	10	11	12

1995. 7. 25. 백두산

풀산딸나무 | 층층나무과

Cornus canadensis L.

줄기는 풀 같으며, 높이는 5~15cm이다. 뿌리줄기는 옆으로 길게 뻗는다. 잎은 줄기 끝에 마주나거나 4~6장이 돌려나며, 도란형으로 가장자리가 밋밋하다. 꽃은 줄기 끝의 꽃대에 20~25개가 산형의 기산 꽃차례로 달린다. 총포는 꽃잎처럼 보이며, 4장이고, 흰색이다. 열매는 핵과이며, 둥글고, 붉게 익는다.

| 1 | 2 | 3 | 4 | 5 | 6 | 7 | 8 | 9 | 10 | 11 | 12 |

◆ 분포/북부 지방
◆ 생육지/높은 산의 숲 속
◆ 출현 빈도/드묾
◆ 생활형/늘푸른작은떨기나무
◆ 개화기/6월 중순~8월 초순
◆ 결실기/9~10월
◆ 참고/풀처럼 보이는 매우 작은 나무이다. 백두산 등지에 드물게 자라며, 중국 동베이 지방, 우수리 및 북아메리카에 분포한다.

1987. 6. 6. 서울 북한산

◆ 분포 / 중부 이남
◆ 생육지 / 숲 속
◆ 출현 빈도 / 비교적 흔함
◆ 생활형 / 갈잎큰키나무
◆ 개화기 / 6월 초순~7월 중순
◆ 결실기 / 9~10월
◆ 참고 / 정원수로 심으면 좋고, 열매로는 잼 등을 만들어 먹을 수 있다.

산딸나무 | 층층나무과

Benthamidia japonica (Siebold et Zucc.) H. Hara

줄기는 높이 7~12m이며, 수평으로 벌어지는 가지가 있다. 잎은 마주나며, 긴 난형이고, 가장자리가 물결 모양이다. 꽃은 가지 끝에서 난 길이 3~6cm의 꽃대에 두상 꽃차례로 달린다. 총포는 4장인데, 꽃잎처럼 보이고, 노란색이 도는 흰색이다. 꽃잎은 4장, 연한 녹색으로 매우 작다. 열매는 핵과가 모여 장과 같은 둥근 열매덩이를 이루며, 진한 붉은색이다.

| 1 | 2 | 3 | 4 | 5 | 6 | 7 | 8 | 9 | 10 | 11 | 12 |

1995. 9. 26. 경상북도 울릉도

독활 | 두릅나무과

Aralia cordata Thunb.

꽃을 제외한 전체에 털이 있다. 줄기는 높이 1.5m쯤으로 크며, 속이 비어 있다. 잎은 어긋나며, 2~3회 갈라지는 홀수 깃꼴겹잎으로 길이는 50~100cm이다. 작은잎은 3~9장씩 달리며, 난상 타원형이다. 꽃은 산형 꽃차례가 여러 개 모여 안목상 또는 원추상 취산 꽃차례를 이루며, 연한 녹색이다. 열매는 장과이며, 둥글고, 검게 익는다.

| 1 | 2 | 3 | 4 | 5 | 6 | 7 | 8 | 9 | 10 | 11 | 12 |

◆ 분포 / 전국
◆ 생육지 / 높은 산의 숲 속
◆ 출현 빈도 / 비교적 드묾
◆ 생활형 / 여러해살이풀
◆ 개화기 / 7월 초순~9월 초순
◆ 결실기 / 9~11월
◆ 참고 / '땅두릅' 이라고도 하며, 어린 줄기와 잎은 나물로 먹는다.

142

1994. 6. 7. 한라산

◆ 분포 / 제주도
◆ 생육지 / 숲 속
◆ 출현 빈도 / 매우 드묾
◆ 생활형 / 갈잎떨기나무
◆ 개화기 / 5월 초순~6월 하순
◆ 결실기 / 10월
◆ 참고 / 우리 나라 특산 식물이다. 줄기 껍질은 한약재로 사용한다.

섬오갈피 | 두릅나무과

Eleutherococcus koreanus (Nakai) B.Y. Sun

줄기는 높이 2~3m이다. 늙은 가지는 누워 자라고 햇가지는 곧추선다. 잎은 작은잎 3~5장으로 된 손바닥 모양의 겹잎이다. 작은 잎은 도란형이며, 가장자리의 중앙 이상에 둔한 겹톱니가 있다. 잎 앞면은 짙은 녹색이며 윤이 난다. 꽃은 지난해 가지의 잎겨드랑이와 햇가지 끝에 산형 꽃차례로 달리며, 녹색이다. 열매는 장과이며, 둥글다.

| 1 | 2 | 3 | 4 | 5 | 6 | 7 | 8 | 9 | 10 | 11 | 12 |

1994. 7. 28. 지리산

두릅나무 | 두릅나무과

Aralia elata (Miq.) Seem.

줄기에는 밑이 좁은 굳센 가시가 많고, 높이는 3~4m이다. 잎은 가지 끝에 모여 어긋나며, 2~3회 갈라지는 홀수 깃꼴겹잎으로 길이는 40~100cm이다. 작은잎은 7~11쌍씩 달리며, 타원상 난형이고, 가장자리에 톱니가 있다. 꽃은 햇가지 끝에서 산형 꽃차례가 산방상 취산 꽃차례를 이루어 달리며, 녹색이 도는 흰색이다. 열매는 핵과이며, 둥글고, 검게 익는다.

◆ 분포 / 전국
◆ 생육지 / 숲 속
◆ 출현 빈도 / 흔함
◆ 생활형 / 갈잎떨기나무
◆ 개화기 / 7월 중순~8월 하순
◆ 결실기 / 9~10월
◆ 참고 / 어린 순은 나물로 먹는다.

| 1 | 2 | 3 | 4 | 5 | 6 | 7 | 8 | 9 | 10 | 11 | 12 |

1992. 9. 4. 설악산

◆ 분포 / 제주도를 제외한 전국
◆ 생육지 / 높은 산의 숲 속
◆ 출현 빈도 / 매우 드묾
◆ 생활형 / 갈잎떨기나무
◆ 개화기 / 6월 초순~8월
  초순
◆ 결실기 / 9~10월
◆ 참고 / 지리산, 가리왕산,
  설악산 등지에 분포한다.
  세계적으로도 우리 나라, 중
  국, 러시아 일부 지역에서만
  자라는 희귀 식물이다.

땃두릅나무 | 두릅나무과

Oplopanax elatus (Nakai) Nakai

전체에 바늘 모양의 가시가 많다. 줄기는
가지를 치지 않으며, 높이는 2~3m이다. 잎은
어긋나며, 둥근 모양, 지름은 15~30cm이고
가장자리가 5~7갈래로 얕게 갈라지며 톱니가
있다. 꽃은 가지 끝에서 나서 총상으로 갈라진
꽃줄기 끝에 산형 꽃차례로 달리며, 노란빛이
도는 녹색이다. 꽃잎은 5장이다. 열매는 핵과
이며, 타원상 원형이고, 붉게 익는다.

| 1 | 2 | 3 | 4 | 5 | 6 | 7 | 8 | 9 | 10 | 11 | 12 |

1999. 7. 18. 강원도 태백산

구릿대 | 산형과

Angelica dahurica (Fisch.) Benth. et Hook.

뿌리는 굵고, 냄새가 난다. 줄기는 곧추서
며, 가지가 갈라지고, 높이 1.0~2.5m, 지름
7~8cm로 속이 비어 있다. 잎은 어긋나며,
아래쪽 것은 2~3회 갈라지는 3출 깃꼴겹잎
이고, 밑이 부풀어 줄기를 감싼다. 꽃은 줄기
끝과 잎겨드랑이에 난 꽃대에 겹산형 꽃차례
로 피며, 흰색이다. 꽃잎은 5장, 도란형이며,
끝이 안으로 말린다. 열매는 분과이다.

◆ 분포 / 전국
◆ 생육지 / 산기슭 또는 들판
◆ 출현 빈도 / 비교적 흔함
◆ 생활형 / 여러해살이풀
◆ 개화기 / 6월 초순~8월
하순
◆ 결실기 / 9~10월
◆ 참고 / 우리 나라의 산형과
식물 가운데 크게 자라는
종류의 하나이다. 뿌리는
한약재로 사용한다.

| 1 | 2 | 3 | 4 | 5 | 6 | 7 | 8 | 9 | 10 | 11 | 12 |

2003. 6. 13. 제주도

◆ 분포 / 제주도, 거문도
◆ 생육지 / 바닷가
◆ 출현 빈도 / 매우 드묾
◆ 생활형 / 여러해살이풀
◆ 개화기 / 6월 초순~7월 하순
◆ 결실기 / 8~9월
◆ 참고 / 우리 나라에 자라는 산형과 풀 가운데 가장 크 다. 자생지가 매우 드물다.

갯강활 | 산형과

Angelica japonica A. Gray

줄기는 곧추서며, 위쪽에서 가지가 갈라지고, 높이는 80~200cm이다. 줄기 속에 노란빛이 도는 흰색 즙이 들어 있다. 잎은 어긋나며, 1~2회 갈라지는 3출 깃꼴겹잎이다. 꽃은 줄기 끝에 겹산형 꽃차례로 피며, 흰색이다. 총포는 5~6장, 소포는 여러 장이다. 열매는 분과이며, 납작한 타원형이고, 두꺼운 날개 모양의 능선이 있다.

1	2	3	4	5	6	7	8	9	10	11	12

1996. 8. 7. 설악산

등대시호 | 산형과

Bupleurum euphorbioides Nakai

줄기는 곧추서지만 위쪽이 구불구불하고, 높이는 8~40cm이다. 뿌리잎은 5~8장, 피침형이다. 줄기잎은 어긋나며, 밑이 줄기를 감싸고, 가장자리가 밋밋하다. 꽃은 줄기와 가지 끝에 산형 꽃차례로 달리며, 노란색이다. 총포는 1~3장, 소포는 4~6장, 넓은 난형이다. 열매는 분과이며, 타원형이고 자주색으로 익는다.

◆ 분포 / 덕유산 이북
◆ 생육지 / 높은 산의 능선
◆ 출현 빈도 / 매우 드묾
◆ 생활형 / 여러해살이풀
◆ 개화기 / 7월 중순~9월 초순
◆ 결실기 / 9~10월
◆ 참고 / 북방계 고산 식물로서 남한에서는 덕유산, 속리산, 도솔봉, 설악산 등지에 매우 드물게 자란다.

| 1 | 2 | 3 | 4 | 5 | 6 | 7 | 8 | 9 | 10 | 11 | 12 |

148

1997. 7. 17. 대관령

◆ 분포 / 대관령 이북
◆ 생육지 / 습지와 냇가
◆ 출현 빈도 / 매우 드묾
◆ 생활형 / 여러해살이풀
◆ 개화기 / 6월 중순~8월
  중순
◆ 결실기 / 8~10월
◆ 참고 / 북방계 식물로서 남
  한에서는 대관령에서 드물
  게 자란다. 독초로 알려져
  있으나, 주민들은 나물로
  먹는다고 한다.

독미나리 ʃ 산형과

Cicuta virosa L.

  뿌리줄기는 봄에는 조직이 치밀하지만 가을에는 속이 비어 칸이 여러 개 생긴다. 줄기는 곧추서며, 속이 비고, 높이 60~150cm이다. 줄기 아래쪽 잎은 깃꼴겹잎이다. 줄기 위쪽 잎은 잎자루가 짧고, 밑이 넓어져서 줄기를 반쯤 감싼다. 꽃은 겹산형 꽃차례로 달리며, 흰색이다. 꽃잎은 가운데에 검은 줄이 있다. 열매는 분과이며, 난상 구형이다.

| 1 | 2 | 3 | 4 | 5 | 6 | 7 | 8 | 9 | 10 | 11 | 12 |

2000. 7. 9. 경상북도 울릉도

섬바디 | 산형과

Dystaenia takeshimana (Nakai) Kitag.

줄기는 곧추서며, 높이는 1.0~2.5m이다. 뿌리잎은 2~3회 갈라지는 깃꼴겹잎으로 잎자루가 길고, 이른 봄에 나와서 일찍 시든다. 줄기잎은 위쪽으로 갈수록 잎자루가 짧다. 꽃은 줄기와 가지 끝에 겹산형 꽃차례로 달리며, 흰색이다. 꽃잎은 서로 같은 크기이며, 끝이 오목하고, 안쪽으로 말린다. 열매는 분과이며, 타원형이고, 날개가 조금 두껍다.

◆ 분포 / 울릉도
◆ 생육지 / 숲 속 또는 들판
◆ 출현 빈도 / 흔함
◆ 생활형 / 여러해살이풀
◆ 개화기 / 6월 초순~8월 하순
◆ 결실기 / 8~10월
◆ 참고 / 우리 나라 특산 식물이다. 울릉도에는 흔하며, '돼지풀'이라고도 한다. 나물로 먹을 수 있다.

| 1 | 2 | 3 | 4 | 5 | 6 | 7 | 8 | 9 | 10 | 11 | 12 |

1997. 7. 26. 전라북도 덕유산

산형목 (Umbellales)

◆ 분포 / 전국
◆ 생육지 / 숲 속 또는 들판
◆ 출현 빈도 / 흔함
◆ 생활형 / 여러해살이풀
◆ 개화기 / 6월 하순~8월 하순
◆ 결실기 / 9~10월
◆ 참고 / 꽃차례 가장자리에 달리는 꽃이 더욱 크며, 가장자리의 꽃잎 가운데서도 맨 바깥쪽 2장이 크다. 어린잎은 나물로 먹는다.

어수리 | 산형과

Heracleum moellendorffii Hance

줄기는 곧추서며, 높이는 70~250cm이다. 뿌리잎은 줄기잎과 비슷하다. 줄기잎은 깃꼴겹잎이거나 작은잎 3장으로 된 겹잎이다. 꽃은 가지 끝과 줄기 끝에 겹산형 꽃차례로 달리며, 흰색이다. 작은 꽃차례는 20~30개이며, 각각에 꽃이 15~30개씩 달린다. 총포는 없거나 3~7장이고, 일찍 떨어진다. 열매는 분과이며, 납작하다.

| 1 | 2 | 3 | 4 | 5 | 6 | 7 | 8 | 9 | 10 | 11 | 12 |

1993. 6. 7. 한라산

암매 | 암매과

Diapensia lapponica L. var. *obovata*
F. Schmidt

줄기는 다발로 기어 자란다. 잎은 빽빽하게 달리는데, 어긋나며, 가죽질, 난형으로 끝이 둥글거나 오목하고, 밑이 흘러 잎자루처럼 되어 줄기를 반쯤 감싼다. 앞면은 짙은 녹색으로 윤이 난다. 꽃은 줄기 끝에 1개씩 달리며, 흰색, 지름은 1.0~1.5cm이다. 총포는 2~3장, 타원형이고, 꽃받침보다 짧다. 열매는 삭과이며, 둥글고, 3갈래로 갈라진다.

◆ 분포 / 한라산
◆ 생육지 / 정상부 바위 지대
◆ 출현 빈도 / 매우 드묾
◆ 생활형 / 늘푸른작은떨기나무
◆ 개화기 / 5월 중순~6월 하순
◆ 결실기 / 8~9월
◆ 참고 / 세계에서 가장 작은 나무로 알려져 있다. 북한에도 분포하지 않는 극지 식물이며, 한라산은 남방 한계선에 해당한다.

| 1 | 2 | 3 | 4 | 5 | 6 | 7 | 8 | 9 | 10 | 11 | 12 |

1995. 7. 24. 백두산

- 분포 / 북부 지방
- 생육지 / 높은 산의 숲 속
- 출현 빈도 / 드묾
- 생활형 / 늘푸른여러해살이풀
- 개화기 / 6월 하순~7월 하순
- 결실기 / 8~10월
- 참고 / 백두산 등지에 자라며, 남한에는 분포하지 않는다. 꽃이 1개씩 핀다고 해서 '홀꽃' 이라는 이름이 붙여졌다.

홀꽃노루발 | 노루발과

Moneses uniflora (L.) A. Gray

줄기는 곧고 매끈하며, 높이 10cm쯤이다. 잎은 2~4장이 모여나며, 난상 원형이고, 가장자리에 잔 톱니가 있다. 잎 앞면은 진한 녹색으로 윤기가 나고, 뒷면은 연한 녹색이다. 꽃은 가는 꽃줄기 끝에 1개가 밑을 향해 달리며, 흰색, 향기가 좋다. 꽃잎은 5장이며, 난형이고, 수평으로 활짝 벌어진다. 열매는 삭과이며, 도란상 원형으로 위를 향한다.

1	2	3	4	5	6	7	8	9	10	11	12

1998. 5. 31. 강원도 두타산

구상난풀 | 노루발과

Monotropa hypopithys L.

전체에 엽록소가 없으며, 노란빛이 도는
갈색이다. 줄기는 곧추서며, 가지가 갈라지지
않고, 높이는 10~25cm이다. 잎은 줄기에 어
긋나며, 비늘 모양이다. 꽃은 줄기 끝에 총상
꽃차례로 3~8개가 밑을 향해 달리며, 노란색
이다. 화관은 긴 종 모양, 꽃받침은 피침형이
다. 꽃잎은 맨 위 꽃만 5장이고 나머지는 3~
4장이다. 열매는 삭과이며, 둥글다.

| 1 | 2 | 3 | 4 | 5 | 6 | 7 | 8 | 9 | 10 | 11 | 12 |

◆ 분포 / 전국
◆ 생육지 / 높은 산의 숲 속
◆ 출현 빈도 / 비교적 드묾
◆ 생활형 / 여러해살이풀
◆ 개화기 / 5월 초순~9월
 하순
◆ 결실기 / 7~10월
◆ 참고 / 광합성을 하지 못하
 는 부생 식물이다. 한라산
 구상나무 숲에서 발견했다
 고 하여 이 같은 이름이
 붙여졌다.

154

1990. 6. 30. 한라산

◆ 분포 / 전국
◆ 생육지 / 높은 산의 숲 속
◆ 출현 빈도 / 비교적 드묾
◆ 생활형 / 여러해살이풀
◆ 개화기 / 5월 중순~8월
　하순
◆ 결실기 / 8~10월
◆ 참고 / 광합성을 하지 못하
　는 부생 식물이다.

수정난풀 | 노루발과

Monotropa uniflora L.

　전체에 엽록소가 없으며, 흰빛이 난다. 땅
속줄기는 덩어리진다. 줄기는 곧추서며, 높이
8~15cm이다. 잎은 어긋나며, 비늘 모양, 긴
타원형이고, 가장자리가 둥글다. 꽃은 줄기
끝에 1개씩 밑을 향해 달리며, 종 모양, 흰색
이다. 꽃받침잎은 일찍 떨어진다. 꽃잎은 5
장, 긴 타원형이다. 씨방은 5실이다. 열매는
삭과이며, 넓은 타원형, 위를 향해 달린다.

| 1 | 2 | 3 | 4 | 5 | 6 | 7 | 8 | 9 | 10 | 11 | 12 |

155

1996. 9. 1. 백두산

홍월귤 | 진달래과

Arctous ruber (Rehder et E.H. Wilson) Nakai

땅속줄기가 길게 뻗으며, 땅 위에 나온 줄기는 높이 7~15cm, 가지가 갈라진다. 잎은 가지 끝에 모여나며, 도란형 또는 도피침형, 가장자리에 둥근 톱니가 있다. 꽃은 줄기 끝에서 2~3개가 총상 꽃차례로 피며, 연한 노란색이고, 밑을 향해 달린다. 꽃받침은 끝이 4~5갈래로 갈라진다. 열매는 장과 모양이며, 둥글고, 붉게 익는다.

◆ 분포 / 설악산 이북
◆ 생육지 / 높은 산의 숲 속
◆ 출현 빈도 / 매우 드묾
◆ 생활형 / 갈잎작은떨기나무
◆ 개화기 / 5월 초순~6월 하순
◆ 결실기 / 8~10월
◆ 참고 / 북방계 고산 식물로서 남한에서는 설악산 정상 부근에서만 자란다.

| 1 | 2 | 3 | 4 | 5 | 6 | 7 | 8 | 9 | 10 | 11 | 12 |

1997. 7. 10. 백두산

◆ 분포 / 북부 지방
◆ 생육지 / 높은 산의 숲 속
◆ 출현 빈도 / 비교적 드묾
◆ 생활형 / 늘푸른작은떨기나무
◆ 개화기 / 6월 하순~8월 중순
◆ 결실기 / 8~10월
◆ 참고 / 함경도 이북에 분포하는 북방계 고산 식물로서 남한에는 분포하지 않는다. 꽃과 잎이 아름다운 관상 식물이다.

가솔송 | 진달래과

Phyllodoce caerulea (L.) Bab.

줄기는 밑이 옆으로 누우며, 가지가 많이 갈라지고, 높이 10~25cm이다. 잎은 빽빽하게 어긋나며, 선형이고, 끝이 둔하며, 가장자리에 잔 톱니가 있다. 잎 뒷면 주맥에 흰 잔털이 난다. 잎자루는 없다. 꽃은 묵은 가지 끝에서 2~5개가 옆을 향해 달리며, 보랏빛 붉은색이다. 꽃자루에 샘털이 있다. 꽃받침은 5갈래로 갈라진다. 열매는 삭과이며, 둥글다.

| 1 | 2 | 3 | 4 | 5 | 6 | 7 | 8 | 9 | 10 | 11 | 12 |

1997. 7. 10. 백두산

노랑만병초 | 진달래과

Rhododendron aureum Georgi

줄기는 밑이 옆으로 눕고, 가지가 곧추서
며, 높이는 1m쯤이다. 잎은 어긋나고, 가죽
질, 타원형이며 가장자리가 밋밋하고 뒤로 말
린다. 꽃은 가지 끝에 산형 또는 취산상으로
3~10개씩 달리며, 노란빛이 도는 흰색, 지름
은 1.5~3.0cm이다. 화관은 깔때기 모양이
며, 끝이 5갈래로 갈라진다. 열매는 삭과이
며, 타원형이고, 끝에 긴 암술대가 남아 있다.

◆ 분포 / 강원도 이북
◆ 생육지 / 높은 산의 숲 속
◆ 출현 빈도 / 드묾
◆ 생활형 / 늘푸른떨기나무
◆ 개화기 / 5월 하순~7월
  중순
◆ 결실기 / 8~9월
◆ 참고 / 남한에서도 태백산
  과 설악산에 분포한다는
  보고가 있지만, 태백산에는
  자라지 않는 것이 확실해
  보인다.

| 1 | 2 | 3 | 4 | 5 | 6 | 7 | 8 | 9 | 10 | 11 | 12 |

진달래목 (Ericales)

1998. 5. 28. 경상북도 울릉도

◆ 분포 / 지리산 이북
◆ 생육지 / 높은 산의 숲 속
◆ 출현 빈도 / 드묾
◆ 생활형 / 늘푸른떨기나무
◆ 개화기 / 6월 초순~7월 중순
◆ 결실기 / 9~10월
◆ 참고 / 키와 잎의 모양이 남부 지방에 분포하는 '굴거리나무'를 닮았다.

만병초 | 진달래과

Rhododendron brachycarpum D. Don

줄기는 높이가 2~4m이다. 잎은 줄기 끝에 어긋나고, 가죽질, 긴 타원형이며, 가장자리가 밋밋하고 뒤로 말린다. 잎 앞면은 짙은 녹색으로 윤이 나고, 뒷면은 갈색 털이 많다. 꽃은 가지 끝에 총상 꽃차례로 5~15개씩 달리며, 흰색 또는 연한 붉은색, 지름은 3~4cm이다. 화관은 깔때기 모양이고 끝이 5갈래로 갈라진다. 열매는 삭과이며, 타원형이다.

1	2	3	4	5	6	7	8	9	10	11	12

1995. 6. 11. 경상북도 황장산

참꽃나무겨우살이 | 진달래과

Rhododendron micranthum Turcz.

줄기는 높이가 1~2m이다. 잎은 어긋나며, 타원형 또는 난형, 가장자리가 밋밋하다. 잎 앞면은 녹색이며 흰 점이 많고, 뒷면은 처음에 는 희지만 나중에는 갈색 비늘 조각으로 덮인 다. 꽃은 가지 끝에 총상 꽃차례로 많이 달리 며, 흰색이고, 지름은 8~10mm이다. 화관은 깔때기 모양이고 깊게 갈라진다. 수술은 10 개, 암술대보다 길다. 열매는 삭과이며, 긴 타 원형이다.

◆ 분포 / 경상북도, 충청북도, 강원도 및 북부 지방
◆ 생육지 / 높은 산 바위 지대
◆ 출현 빈도 / 드묾
◆ 생활형 / 반늘푸른떨기나무
◆ 개화기 / 6월 초순~7월 중순
◆ 결실기 / 9~10월
◆ 참고 / 남한에서는 주흘산, 월악산, 황장산, 소백산, 동 강 등지로 분포 지역이 제 한되어 있다. '꼬리진달래' 라고도 한다.

| 1 | 2 | 3 | 4 | 5 | 6 | 7 | 8 | 9 | 10 | 11 | 12 |

1996. 6. 30. 백두산

◆ 분포 / 평안북도, 함경북도
◆ 생육지 / 높은 산의 풀밭
◆ 출현 빈도 / 비교적 드묾
◆ 생활형 / 늘푸른작은떨기나무
◆ 개화기 / 6월 초순~7월 중순
◆ 결실기 / 8~9월
◆ 참고 / 남한에는 분포하지 않는다. 기본종인 '황산차'는 키가 높이 1m 이상으로서 크다.

담자리참꽃나무 | 진달래과

Rhododendron parvifolium Adams var. *alpinum* Glehn

줄기는 땅 위를 기며 뿌리를 내리고, 높이는 10~15cm이다. 잎은 어긋나며, 타원형, 가장자리가 밋밋하다. 잎 앞면에 비늘 모양 털이 나고, 뒷면은 갈색 비늘 조각으로 덮인다. 잎자루는 짧다. 꽃은 가지 끝에 난 꽃대 끝에 2~5개씩 달리며, 붉은 보라색이고, 지름은 1.3~2.0cm이다. 암술대는 수술보다 길다. 열매는 삭과이며, 타원형이다.

1	2	3	4	5	6	7	8	9	10	11	12

1994. 7. 15. 백두산

좀참꽃나무 | 진달래과

Rhododendron redowskianum Maxim.

줄기는 옆으로 눕고, 원줄기에서 뿌리가
나며, 높이는 10cm쯤이다. 잎은 가지 끝에
모여나며, 도란형 또는 피침형, 가장자리에
털이 난다. 잎자루는 매우 짧거나 없다. 꽃은
햇가지 끝에서 난 1~2개의 꽃자루 끝에 1개
씩 달리며, 붉은색, 지름은 2cm쯤이다. 포는
잎 모양이다. 수술은 10개이며, 암술대보다
길다. 열매는 삭과이며, 난형이다.

| 1 | 2 | 3 | 4 | 5 | 6 | 7 | 8 | 9 | 10 | 11 | 12 |

◆ 분포 / 북부 지방
◆ 생육지 / 높은 산의 풀밭
◆ 출현 빈도 / 비교적 드묾
◆ 생활형 / 늘푸른작은떨기나무
◆ 개화기 / 6월 중순~8월
　초순
◆ 결실기 / 8~9월
◆ 참고 / 화관의 한쪽이 밑부
　분까지 완전히 갈라지는
　특징을 들어서 좀참꽃속
　(*Therorhodion*)으로 구분
　하기도 한다.

1994. 7. 15. 백두산

1994. 7. 4. 지리산

흰참꽃나무 | 진달래과

Rhododendron tschonoskii Maxim.

줄기는 가지가 많이 갈라지며 높이 0.3~
1.0m이다. 잎은 가지 끝에 어긋나게 모여나
며, 난형 또는 난상 피침형, 가장자리가 밋밋
하다. 잎 양 면에 누운 털이 난다. 잎자루는 짧
다. 꽃은 가지 끝에 2~6개씩 산형으로 달리
며, 흰색, 지름 5~10mm이다. 화관은 원통 모
양이고, 4갈래 또는 5갈래로 갈라진다. 꽃밥
은 자주색이다. 열매는 삭과이며, 난형이다.

◆ 분포/남부 지방
◆ 생육지/높은 산 바위 지대
◆ 출현 빈도/드묾
◆ 생활형/갈잎떨기나무
◆ 개화기 / 5월 하순~7월
 초순
◆ 결실기/8~10월
◆ 참고/분포 지역이 매우 좁
 은 식물로서 가야산, 지리
 산, 덕유산 등지에서만 자
 란다.

| 1 | 2 | 3 | 4 | 5 | 6 | 7 | 8 | 9 | 10 | 11 | 12 |

1993. 6. 4. 경기도 천마산

열매

◆ 분포/제주도를 제외한 전국
◆ 생육지/높은 산의 숲 속
　 또는 능선
◆ 출현 빈도/비교적 드묾
◆ 생활형/갈잎떨기나무
◆ 개화기/5월 초순~6월
　 하순
◆ 결실기/8~9월
◆ 참고/열매를 먹을 수 있는
　 데, 새콤하여 갈증을 달래
　 기에 좋다.

산앵도나무 | 진달래과

Vaccinium hirtum Thunb. var. *koreanum*
(Nakai) Kitam.

　줄기는 높이 0.6~1.5m이다. 잎은 어긋나
며, 타원형 또는 피침형, 가장자리에 안으로
굽은 잔 톱니가 있다. 잎자루는 짧다. 꽃은
묵은 가지 끝에 총상 꽃차례로 2~5개씩 달리
며, 연분홍색 또는 흰색이다. 화관은 종 모양
이며, 길이는 6~8mm이고, 끝이 5갈래로 얕
게 갈라져 뒤로 말린다. 열매는 장과로 절구
모양이며, 붉게 익는다.

| 1 | 2 | 3 | 4 | 5 | 6 | 7 | 8 | 9 | 10 | 11 | 12 |

1987. 6. 8. 한라산   열매

들쭉나무 | 진달래과

Vaccinium uliginosum L.

줄기는 높이 0.2~1.0m이다. 잎은 어긋나
며, 도란형 또는 타원형, 가장자리가 밋밋하
고 뒤로 조금 말린다. 잎 뒷면은 흰빛이 돈
다. 잎자루는 짧다. 꽃은 묵은 가지 끝에 1~3
개씩 모여 달리며, 아래를 향하고, 연둣빛이
도는 흰색이다. 화관은 납작한 항아리 모양이
며, 길이는 4~5mm이다. 열매는 장과이며,
둥글거나 타원형이고, 검게 익는다.

| 1 | 2 | 3 | 4 | 5 | 6 | 7 | 8 | 9 | 10 | 11 | 12 |

- ◆ 분포 / 한라산, 설악산 및 북부 지방
- ◆ 생육지 / 높은 산의 숲 속
- ◆ 출현 빈도 / 매우 드묾
- ◆ 생활형 / 갈잎작은떨기나무
- ◆ 개화기 / 5월 중순~7월 중순
- ◆ 결실기 / 8~9월
- ◆ 참고 / 열매로는 술을 담는데, 북한의 명주 '들쭉술'의 원료이다.

열매

1998. 6. 16. 백두산

진달래목 (Ericales)

◆ 분포 / 설악산 이북
◆ 생육지 / 높은 산의 숲 속
◆ 출현 빈도 / 드묾
◆ 생활형 / 늘푸른작은떨기나무
◆ 개화기 / 6월 중순~7월
  하순
◆ 결실기 / 8~10월
◆ 참고 / 남한에서는 설악산
  의 높은 능선에서 매우 드
  물게 자란다.

월귤 | 진달래과

Vaccinium vitis-idaea L.

땅속줄기는 길게 뻗으며, 줄기는 높이 7~20cm이다. 잎은 어긋나며, 가죽질, 도란형, 가장자리 중간 윗부분에 물결 모양의 톱니가 있다. 잎 뒷면은 연한 녹색이고 검은 점이 많다. 꽃은 묵은 가지 끝에 총상 꽃차례로 2~5개씩 달리며, 흰색 또는 연분홍색이다. 화관은 종 모양이며, 조금 깊게 갈라지고, 길이는 6~7mm이다. 열매는 장과이며, 둥글고, 붉게 익는다.

1	2	3	4	5	6	7	8	9	10	11	12

꽃

1988. 1. 9. 제주도

백량금 | 자금우과

Ardisia crenata Sims

줄기는 위쪽에서 가지가 갈라지며, 높이는 0.3~1.0m이다. 잎은 어긋나며, 두껍고, 긴 타원형 또는 피침형, 가장자리에 물결 모양의 톱니가 있다. 꽃은 가지 끝부분에 산형 꽃차례 또는 겹산형 꽃차례로 달리며, 흰색이고, 지름 8mm쯤이다. 화관은 5갈래로 갈라진다. 수술은 5개이고 암술은 1개이다. 열매는 핵과이며, 둥글고, 붉게 익는다.

◆ 분포 / 제주도, 전라남도
◆ 생육지 / 숲 속
◆ 출현 빈도 / 드묾
◆ 생활형 / 늘푸른떨기나무
◆ 개화기 / 6월 초순~7월 하순
◆ 결실기 / 9~4월
◆ 참고 / 이듬해 꽃이 필 때까지 남아 있는 열매가 아름다운 관상 식물이다.

| 1 | 2 | 3 | 4 | 5 | 6 | 7 | 8 | 9 | 10 | 11 | 12 |

1998. 7. 19. 전라남도 홍도

열매

◆ 분포// 남부 지방
◆ 생육지 / 숲 속
◆ 출현 빈도 / 비교적 흔함
◆ 생활형 / 늘푸른작은떨기나무
◆ 개화기 / 6월 중순~8월 초순
◆ 결실기 / 9~5월
◆ 참고 / 이듬해 봄까지 남아 있는 열매가 아름다운 관상 식물이다.

자금우 | 자금우과

Ardisia japonica (Hornst.) Blume

땅속줄기는 옆으로 길게 뻗는다. 줄기는 아래쪽이 비스듬하게 서며, 높이 15~30cm이다. 잎은 어긋나지만 위쪽에서는 돌려난 것 같으며, 가죽질, 윤이 나고, 타원형, 가장자리에 잔 톱니가 있다. 꽃은 잎겨드랑이의 꽃대에 2~4개가 달려 밑으로 처지며, 흰색, 지름 6~8mm이다. 화관은 5갈래로 깊게 갈라진다. 열매는 핵과이며, 둥글고, 붉게 익는다.

| 1 | 2 | 3 | 4 | 5 | 6 | 7 | 8 | 9 | 10 | 11 | 12 |

열매   1998. 7. 8. 한라산

산호수 | 자금우과

Ardisia pusilla DC.

전체에 긴 갈색 털이 난다. 땅속줄기는 옆으로 길게 뻗는다. 위로 선 줄기는 높이 5~10cm이다. 잎은 돌려나며, 난형 또는 타원형, 가장자리에 거친 톱니가 있다. 꽃은 잎겨드랑이에 산형 꽃차례로 2~4개씩 달리며, 흰색이고, 지름은 6~7mm이다. 화관은 5갈래로 갈라진다. 수술은 5개, 수술대는 짧다. 열매는 핵과이며, 둥글고, 붉게 익는다.

◆ 분포 / 제주도
◆ 생육지 / 숲 속
◆ 출현 빈도 / 드묾
◆ 생활형 / 늘푸른작은떨기나무
◆ 개화기 / 6월 초순~8월 중순
◆ 결실기 / 9~5월
◆ 참고 / 가을에 익은 뒤 봄까지 남아 있는 열매가 아름다운 관상 식물이다.

| 1 | 2 | 3 | 4 | 5 | 6 | 7 | 8 | 9 | 10 | 11 | 12 |

1997. 6. 28. 서울 북한산

- ◆ 분포 / 전국
- ◆ 생육지 / 숲 속 또는 들판
- ◆ 출현 빈도 / 비교적 드묾
- ◆ 생활형 / 여러해살이풀
- ◆ 개화기 / 6월 초순~8월 중순
- ◆ 결실기 / 8~9월
- ◆ 참고 / '큰까치수염'에 비해 드물며, 상대적으로 낮은 곳에서 자라고, 전체에 털이 많다. '까치수영'이라고도 한다.

까치수염 | 앵초과

Lysimachia barystachys Bunge

줄기와 잎, 꽃자루에 털이 많다. 줄기는 곧추서며, 높이는 50~100cm이다. 잎은 어긋나며, 도피침형 또는 선상 긴 타원형으로 끝이 뾰족하지 않고, 가장자리가 밋밋하다. 꽃은 줄기 끝에 총상 꽃차례로 한쪽으로 치우쳐서 피며 흰색이다. 꽃이 필 때는 기울지만 나중에는 곧추선다. 화관은 5갈래로 깊게 갈라진다. 열매는 삭과이며, 둥글다.

| 1 | 2 | 3 | 4 | 5 | 6 | 7 | 8 | 9 | 10 | 11 | 12 |

1993. 6. 6. 강원도 대암산

큰까치수염 | 앵초과

Lysimachia clethroides Duby

땅속줄기는 길게 뻗는다. 줄기는 곧추서며, 높이는 50~100cm이고, 밑동은 붉은 보라색을 띤다. 줄기 전체에 털이 거의 없으나 위쪽과 꽃차례에는 조금 나기도 한다. 잎은 어긋나며, 긴 타원상 피침형이다. 꽃은 한쪽으로 기운 총상 꽃차례에 위를 향해 다닥다닥 달리며, 흰색이고, 지름은 8~12mm이다. 열매는 삭과이며, 둥글다.

| 1 | 2 | 3 | 4 | 5 | 6 | 7 | 8 | 9 | 10 | 11 | 12 |

◆ 분포 / 전국
◆ 생육지 / 숲 속
◆ 출현 빈도 / 흔함
◆ 생활형 / 여러해살이풀
◆ 개화기 / 6월 초순~8월 중순
◆ 결실기 / 8~9월
◆ 참고 / '까치수염'에 비해서 잎의 너비가 넓고, 털이 많지 않다.

172

1985. 7. 15. 강원도 태백산

- ◆ 분포 / 중부 지방
- ◆ 생육지 / 높은 산의 습기가 많은 곳
- ◆ 출현 빈도 / 비교적 드묾
- ◆ 생활형 / 여러해살이풀
- ◆ 개화기 / 6월 중순~9월 초순
- ◆ 결실기 / 8~10월
- ◆ 참고 / 꽃이 아름다운 우리 나라 특산 식물이다.

참좁쌀풀 | 앵초과

Lysimachia coreana Nakai

땅속줄기는 옆으로 뻗는다. 줄기는 곧추서 며, 높이는 30~60cm이다. 잎은 줄기에 마주 나거나 3장씩 돌려나며, 타원형, 가장자리가 밋밋하고 털이 있다. 잎자루는 짧다. 꽃은 줄 기 끝과 잎겨드랑이에 달리며, 노란색, 지름 1.5~2.0cm이다. 꽃받침은 5갈래로 갈라진 다. 화관은 5갈래로 깊게 갈라진다. 열매는 삭과, 둥글고, 길이가 꽃받침의 절반쯤이다.

| 1 | 2 | 3 | 4 | 5 | 6 | 7 | 8 | 9 | 10 | 11 | 12 |

1998. 5. 28. 경상북도 울릉도

갯까치수염 | 앵초과

Lysimachia mauritiana Lam.

전체에 털이 없다. 줄기는 곧추서며, 높이는 10~40cm이고, 붉은빛을 띤다. 아래쪽에서 가지가 갈라진다. 잎은 어긋나며, 다육질, 주걱 모양의 피침형, 가장자리가 밋밋하다. 잎자루는 없다. 꽃은 가지 끝에 총상 꽃차례로 달리며, 흰색, 지름 1.0~1.2cm이다. 꽃받침은 종모양, 녹색, 5갈래로 갈라진다. 화관은 5갈래로 깊게 갈라진다. 열매는 삭과이며, 둥글다.

◆ 분포 / 중부 이남
◆ 생육지 / 바닷가
◆ 출현 빈도 / 흔함
◆ 생활형 / 두해살이풀
◆ 개화기 / 5월 중순~7월 중순
◆ 결실기 / 7~8월
◆ 참고 / 우리 나라의 까치수염속 식물 가운데 바닷가에서 자라고, 두해살이풀이므로 구분할 수 있다.

1	2	3	4	5	6	7	8	9	10	11	12

174

1999. 7. 18. 강원도 금대봉

◆ 분포 / 전국
◆ 생육지 / 숲 속 또는 들판
◆ 출현 빈도 / 비교적 흔함
◆ 생활형 / 여러해살이풀
◆ 개화기 / 6월 중순~8월
   중순
◆ 결실기 / 8~10월
◆ 참고 / 노란색 꽃이 다닥다
   닥 붙어서 피므로 이 같은
   이름이 붙여졌다.

좁쌀풀 | 앵초과

Lysimachia vulgaris L. var. *davurica*
(Ledeb.) R. Knuth

땅속줄기는 옆으로 길게 뻗는다. 줄기는
곧추서며, 높이는 40~100cm이고, 끝에서
가지가 조금 갈라지기도 한다. 잎은 줄기 아
래쪽에서는 어긋나지만 중간 이상에서는 마
주나거나 3~4장씩 돌려난다. 잎자루는 짧다.
꽃은 줄기 끝에 원추 꽃차례로 달리며, 노란
색이고, 지름은 1.2~1.5cm이다. 열매는 삭
과, 둥글고, 긴 암술대가 남아 있다.

| 1 | 2 | 3 | 4 | 5 | 6 | 7 | 8 | 9 | 10 | 11 | 12 |

앵초목 (Primulales)

1994. 6. 10. 지리산

참기생꽃 | 앵초과

Trientalis europaea L.

뿌리줄기는 희며, 길게 뻗는다. 줄기는 곧
추서며, 높이는 5~20cm이다. 잎은 줄기 아
래쪽에서는 어긋나며, 아래로 갈수록 퇴화되
어 비늘 모양이다. 줄기 끝의 잎은 5~10장이
모여나며, 줄기 아래쪽 잎보다 크다. 꽃은 줄
기 끝에서 나온 긴 꽃자루에 1~2개씩 달리며,
흰색이고, 지름 1.5~2.0cm이다. 열매는 삭과
이며, 둥글다.

◆ 분포 / 제주도를 제외한 전국
◆ 생육지 / 높은 산의 숲 속
또는 숲 가장자리
◆ 출현 빈도 / 매우 드묾
◆ 생활형 / 여러해살이풀
◆ 개화기 / 6월 초순~7월
중순
◆ 결실기 / 8~10월
◆ 참고 / 남한에서는 지리산,
가야산, 태백산, 함백산, 설
악산 등지에서 매우 드물
게 자라는 멸종 위기 식물
이다.

| 1 | 2 | 3 | 4 | 5 | 6 | 7 | 8 | 9 | 10 | 11 | 12 |

열매   1984. 6. 7. 제주도

◆ 분포 / 남부 지방
◆ 생육지 / 산자락 또는 들판
◆ 출현 빈도 / 비교적 흔함
◆ 생활형 / 늘푸른떨기나무
◆ 개화기 / 6월 중순~8월
   중순
◆ 결실기 / 9~10월
◆ 참고 / 꽃과 열매가 아름다
  우므로 울타리 등에 관상
  수로 심는다.

광나무 | 물푸레나무과

Ligustrum japonicum Thunb.

줄기는 높이가 2~6m이다. 잎은 마주나
며, 타원형 또는 난상 타원형, 가죽질로 두껍
고 윤이 난다. 잎 양 끝은 좁아져서 뾰족하
며, 가장자리가 밋밋하다. 꽃은 햇가지 끝에
겹총상 꽃차례로 달리며, 흰색이다. 화관은
길이 5~6mm이고, 4갈래로 갈라지며, 갈래
는 화관통과 길이가 비슷하고, 뒤로 젖혀진
다. 열매는 장과처럼 생긴 핵과이며, 타원형,
검게 익는다.

| 1 | 2 | 3 | 4 | 5 | 6 | 7 | 8 | 9 | 10 | 11 | 12 |

1995. 6. 30. 강원도 대덕산

개회나무 | 물푸레나무과

Syringa reticulata (Blume) H. Hara var. *mandshurica* (Maxim.) H. Hara

줄기는 높이가 4~6m이다. 묵은 가지는 회색이다. 잎은 마주나며, 넓은 난형이고, 가장자리가 밋밋하다. 잎 양 면은 털이 없다. 꽃은 묵은 가지 끝에 원추 꽃차례로 달리며, 흰색이다. 꽃받침은 4갈래로 갈라진다. 화관은 4갈래로 깊게 갈라진다. 수술은 화관 밖으로 나온다. 열매는 삭과, 긴 타원형이며, 위쪽이 조금 둥글다.

◆ 분포 / 제주도를 제외한 전국
◆ 생육지 / 산골짜기
◆ 출현 빈도 / 비교적 드묾
◆ 생활형 / 갈잎떨기나무
◆ 개화기 / 6월 초순~7월 중순
◆ 결실기 / 9~10월
◆ 참고 / 화관 갈래가 통 부분보다 길고, 수술이 밖으로 나오므로 털개회나무 종류와 구분할 수 있다.

| 1 | 2 | 3 | 4 | 5 | 6 | 7 | 8 | 9 | 10 | 11 | 12 |

1995. 7. 8. 설악산

◆ 분포 / 제주도를 제외한 전국
◆ 생육지 / 높은 산 또는 석회
  암 지대의 숲 속
◆ 출현 빈도 / 비교적 드묾
◆ 생활형 / 갈잎떨기나무
◆ 개화기 / 5월 초순~6월
  중순
◆ 결실기 / 8~10월
◆ 참고 / 정향나무, 섬개회나
  무, 흰정향나무 등의 변종,
  또는 품종으로 구분하기도
  한다.

털개회나무 | 물푸레나무과

Syringa velutina Kom.

줄기는 높이가 3m쯤이다. 햇가지는 가늘
며, 털 또는 샘털이 있다. 잎은 마주나며, 타
원형 또는 도란형, 가장자리가 밋밋하다. 꽃
은 묵은 가지 끝에 원추 꽃차례로 달리며, 연
한 자주색이다. 꽃줄기에 털이 나며, 꽃자루
는 없다. 화관은 4갈래로 얕게 갈라진다. 수
술은 2개가 화관통 위쪽에 붙는다. 열매는 삭
과이며, 피침형이다.

| 1 | 2 | 3 | 4 | 5 | 6 | 7 | 8 | 9 | 10 | 11 | 12 |

물푸레나무목 (Oleales)

179

1995. 7. 8. 설악산

꽃개회나무 | 물푸레나무과

Syringa wolfii C.K. Schneid.

줄기는 높이가 3~5m이다. 잎은 마주나며, 조금 두껍고, 타원상 난형, 길이는 7~16cm, 가장자리가 밋밋하고 털이 난다. 잎 뒷면은 잔털이 난다. 꽃은 햇가지 끝에 원추 꽃차례로 달리며, 진한 보라색이고, 길이는 1.2~1.5cm이다. 화관은 끝이 4갈래로 얕게 갈라진다. 화관의 통 부분은 화관 갈래보다 길다. 열매는 삭과이며, 긴 타원형이다.

| 1 | 2 | 3 | 4 | 5 | 6 | 7 | 8 | 9 | 10 | 11 | 12 |

◆ 분포 / 경상북도 이북
◆ 생육지 / 높은 산의 숲 속 또는 능선
◆ 출현 빈도 / 비교적 드묾
◆ 생활형 / 갈잎떨기나무
◆ 개화기 / 5월 초순~7월 하순
◆ 결실기 / 9~10월
◆ 참고 / 잎과 꽃이 모두 크고 높은 산에 자라므로 우리나라의 수수꽃다리속 식물들과 구분할 수 있다.

1996. 7. 1. 백두산

◆ 분포 / 강원도 이북
◆ 생육지 / 높은 산의 습기가 많은 곳
◆ 출현 빈도 / 드묾
◆ 생활형 / 여러해살이풀
◆ 개화기 / 6월 하순~9월 초순
◆ 결실기 / 8~10월
◆ 참고 / 북방계 식물로서 남한에서는 강원도 대암산에서만 자란다. 드물게 흰색 꽃이 피는 개체가 발견된다.

비로용담 | 용담과

Gentiana jamesii Hemsl.

줄기는 곧추서며, 보통 가지가 갈라지고, 높이는 5~12cm이다. 잎은 줄기에 마주나며, 5~10쌍, 넓은 피침형, 가장자리가 밋밋하고 흰색을 조금 띤다. 꽃은 가지 끝에 1개 또는 몇 개가 달리며, 푸른빛을 띤 보라색이고 길이 2.0~3.5cm이다. 꽃자루는 없다. 화관은 좁은 종 모양이고 끝이 5갈래로 갈라진다. 열매는 삭과이다.

| 1 | 2 | 3 | 4 | 5 | 6 | 7 | 8 | 9 | 10 | 11 | 12 |

1985. 5. 10. 한라산

흰그늘용담 | 용담과

Gentiana pseudo-aquatica Kusn.

뿌리는 곧고 깊이 들어간다. 줄기는 밑에서 가지가 갈라져 모여난 것처럼 보이며, 높이는 3~7cm이다. 뿌리잎은 모여나며, 난형이다. 줄기잎은 마주나며, 작고, 끝이 까락처럼 뾰족하다. 잎 가장자리와 뒷면 맥 위에 불규칙한 돌기가 있다. 꽃은 가지 끝에 1개씩 위를 향해 달리며, 흰색이고, 길이는 1.2~1.5cm이다. 열매는 삭과이다.

◆ 분포 / 한라산, 북부 지방
◆ 생육지 / 높은 산의 풀밭
◆ 출현 빈도 / 드묾
◆ 생활형 / 두해살이풀
◆ 개화기 / 5월 초순~7월 초순
◆ 결실기 / 7~8월
◆ 참고 / 우리 나라의 한라산과 북부 지방은 물론이고, 중국 둥베이 지방, 몽고, 티베트, 시베리아에도 분포한다.

| 1 | 2 | 3 | 4 | 5 | 6 | 7 | 8 | 9 | 10 | 11 | 12 |

1994. 7. 14. 백두산

◆ 분포 / 한라산, 경기도 이북
◆ 생육지 / 높은 산의 풀밭
◆ 출현 빈도 / 드묾
◆ 생활형 / 한해살이풀
◆ 개화기 / 6월 하순~8월
  하순
◆ 결실기 / 8~10월
◆ 참고 / 북방계 식물로서 남
  한에서는 한라산, 화악산,
  설악산 등지에서 매우 드
  물게 자란다.

닻꽃 | 용담과

Halenia corniculata (L.) Cornaz

전체에 털이 없다. 줄기는 곧추서며, 높이
는 10~60cm, 가지가 많이 갈라지고, 겉에
능선이 4개 있다. 잎은 마주나며, 긴 타원형,
가장자리가 밋밋하다. 잎 가장자리와 뒷면 맥
위에 잔 돌기가 있다. 꽃은 줄기 위쪽 잎겨드
랑이에 1개 또는 몇 개가 취산 꽃차례로 달리
며, 닻 모양, 노란색이 도는 녹색이다. 열매
는 삭과, 피침형이며, 2갈래로 갈라진다.

1	2	3	4	5	6	7	8	9	10	11	12

1986. 8. 15. 지리산

네귀쓴풀 | 용담과

Swertia tetrapetala Pall.

전체에 털이 없고 매끈하다. 줄기는 곧추
서며, 높이는 10~30cm이고, 가지가 갈라진
다. 잎은 마주나며, 난상 피침형, 가장자리가
밋밋하다. 잎자루는 없다. 꽃은 줄기 위쪽과
가지 끝에 원추형 취산 꽃차례로 달리며, 푸
른 보랏빛이 도는 흰색이다. 꽃받침은 아래까
지 4갈래로 갈라지며, 화관은 4갈래로 갈라
진다. 열매는 삭과이며, 난형이다.

◆ 분포 / 전국
◆ 생육지 / 높은 산의 풀밭
◆ 출현 빈도 / 드묾
◆ 생활형 / 한해살이풀
◆ 개화기 / 7월 중순~9월
　　초순
◆ 결실기 / 8~10월
◆ 참고 / 북방계 고산 식물로서
　　한라산, 지리산, 가야산, 설
　　악산 등지의 높은 산에서
　　드물게 자란다.

| 1 | 2 | 3 | 4 | 5 | 6 | 7 | 8 | 9 | 10 | 11 | 12 |

2002. 5. 12. 전라남도 보성

◆ 분포 / 남부 지방
◆ 생육지 / 산기슭의 숲 속 또
　는 숲 가장자리
◆ 출현 빈도 / 흔함
◆ 생활형 / 늘푸른덩굴나무
◆ 개화기 / 5월 초순~6월
　하순
◆ 결실기 / 9~10월
◆ 참고 / 줄기와 잎은 한약재
　로 사용하며, 잎과 꽃이 아
　름다워 관상 가치가 높다.

마삭줄 | 협죽도과

Trachelospermum asiaticum (Siebold et
Zucc.) Nakai

　줄기에서 뿌리가 나서 바위나 다른 나무에
붙으며, 줄기는 길이 5~10m이다. 잎은 마주
나며, 가죽질, 타원형 또는 난형, 양쪽 끝이
뾰족하고, 가장자리는 밋밋하다. 잎 앞면은
짙은 녹색이며 윤이 난다. 꽃은 줄기 끝과 잎
겨드랑이에 취산 꽃차례로 달리며, 지름 2~
3cm, 흰색에서 노란색으로 변한다. 열매는
골돌이며, 원통형이다.

| 1 | 2 | 3 | 4 | 5 | 6 | 7 | 8 | 9 | 10 | 11 | 12 |

2002. 6. 20. 전라남도 진도

용담목 (Gentianales)

큰조롱 | 박주가리과

Cynanchum wilfordii (Maxim.) Hemsl.

줄기는 가늘며, 덩굴져서 다른 물체를 감
고 올라가고, 길이는 1~3m이다. 잎은 마주
나며, 난상 심장형, 가장자리가 밋밋하다. 꽃
은 잎겨드랑이의 꽃대 끝에 산형 꽃차례로 달
리며, 노란빛이 도는 녹색이고, 활짝 벌어지
지 않는다. 꽃받침은 작다. 화관은 5갈래로
깊게 갈라지며, 갈래는 난형이다. 열매는 골
돌이며, 주머니 모양이다.

◆ 분포 / 전국
◆ 생육지 / 산과 들의 양지
◆ 출현 빈도 / 비교적 드묾
◆ 생활형 / 여러해살이풀
◆ 개화기 / 6월 중순~8월
  하순
◆ 결실기 / 9~10월
◆ 참고 / 뿌리는 한약재로 사
  용한다. '은조롱'이라고도
  한다.

| 1 | 2 | 3 | 4 | 5 | 6 | 7 | 8 | 9 | 10 | 11 | 12 |

2002. 8. 6. 경기도

용담목 (Gentianales)

◆ 분포 / 전국
◆ 생육지 / 숲 가장자리 또는 들판
◆ 출현 빈도 / 흔함
◆ 생활형 / 여러해살이풀
◆ 개화기 / 7월 중순~8월 하순
◆ 결실기 / 9~10월
◆ 참고 / 씨앗은 먹을 수 있으며, 솜털이 붙어 있다.

박주가리 | 박주가리과

Metaplexis japonica (Thunb.) Makino

줄기는 덩굴져서 자라며, 녹색이고, 길이는 2~4m, 자르면 흰 즙이 나온다. 잎은 마주나며, 심장형, 가장자리는 밋밋하다. 꽃은 잎겨드랑이의 꽃대에 총상 꽃차례로 피며, 흰색 또는 연보라색, 지름 1.0~1.5cm이다. 꽃받침은 5갈래로 깊게 갈라지고, 녹색이다. 화관은 넓은 종 모양이고, 중앙 아래쪽까지 5갈래로 갈라진다. 열매는 골돌이며, 길고 납작한 도란형이다.

| 1 | 2 | 3 | 4 | 5 | 6 | 7 | 8 | 9 | 10 | 11 | 12 |

1997. 8. 24. 제주도

낚시돌풀 | 꼭두서니과

Hedyotis biflora (L.) Lam. var. *parvifolia*
Hook. et Arn.

전체에 털이 없고, 다육질이다. 줄기는 가지가 많이 갈라지며 옆으로 퍼지고, 높이는 5~20cm이다. 잎은 마주나며, 윤이 나고, 도란상 긴 타원형, 가장자리가 밋밋하고 뒤로 조금 말린다. 잎자루는 매우 짧다. 꽃은 줄기 끝에 취산 꽃차례로 달리며, 흰색이다. 꽃받침 잎은 4장, 넓은 삼각형, 화관은 4갈래로 갈라진다. 열매는 삭과이며, 도란상 원형이다.

◆ 분포 / 남부 지방
◆ 생육지 / 바닷가의 바위 겉
◆ 출현 빈도 / 비교적 드묾
◆ 생활형 / 여러해살이풀
◆ 개화기 / 7월 중순~9월 초순
◆ 결실기 / 10~11월
◆ 참고 / 남방계 식물로서 우리 나라에는 거문도, 가거도, 제주도 등지에 분포한다.

| 1 | 2 | 3 | 4 | 5 | 6 | 7 | 8 | 9 | 10 | 11 | 12 |

1982. 7. 21. 경상북도 소백산

◆ 분포 / 전국
◆ 생육지 / 숲 속 또는 들판
◆ 출현 빈도 / 흔함
◆ 생활형 / 여러해살이풀
◆ 개화기 / 6월 하순~8월
  중순
◆ 결실기 / 9~10월
◆ 참고 / 잎이 가늘어서 솔잎
  처럼 보이므로 이 같은 이
  름이 붙여졌다.

솔나물 | 꼭두서니과

Galium verum L. var. *asiaticum* Nakai

줄기는 곧추서고, 네모지며, 높이는 50~
100cm, 위쪽에서 가지가 갈라진다. 잎은 줄
기의 마디에 6~12장씩 돌려나며, 선형, 끝이
뾰족하고, 가장자리는 뒤로 말린다. 잎 뒷면
은 털이 있다. 꽃은 줄기 끝과 잎겨드랑이에
원추 꽃차례로 달리며, 노란색이다. 화관은 4
갈래로 갈라진다. 열매는 분과, 타원형이며,
2개씩 달린다.

1	2	3	4	5	6	7	8	9	10	11	12

열매   1995. 8. 25. 제주도

계요등 | 꼭두서니과

Paederia scandens (Lour.) Merr.

전체에서 냄새가 난다. 줄기는 길이 5~7m
이다. 잎은 마주나며, 난형 또는 난상 피침형,
가장자리가 밋밋하다. 꽃은 줄기 끝과 잎겨드
랑이에 원추 꽃차례 또는 취산 꽃차례로 달리
며, 길이 1~2cm, 흰색이지만 화관통 안쪽은
자주색이 돈다. 화관은 끝이 5갈래로 갈라지
며, 지름은 4~6mm이다. 열매는 핵과, 둥글
며, 노란빛이 도는 갈색으로 익는다.

| 1 | 2 | 3 | 4 | 5 | 6 | 7 | 8 | 9 | 10 | 11 | 12 |

◆ 분포 / 남부 지방
◆ 생육지 / 숲 속 또는 들판
◆ 출현 빈도 / 흔함
◆ 생활형 / 갈잎덩굴나무
◆ 개화기 / 7월 초순~9월
중순
◆ 결실기 / 9~10월
◆ 참고 / 겨울에 줄기 위쪽이
죽으므로 풀의 성질을 가
진 나무이다.

1998. 5. 28. 경상북도 울릉도

◆ 분포 / 전국
◆ 생육지 / 바닷가 모래땅
◆ 출현 빈도 / 비교적 드묾
◆ 생활형 / 여러해살이풀
◆ 개화기 / 5월 초순~6월
  하순
◆ 결실기 / 7~9월
◆ 참고 / 꽃에서 향기가 난다.
  모래땅에서 자라므로 이
  같은 이름이 붙여졌다.

모래지치 | 지치과

Argusia sibirica (L.) Dandy

　전체에 회색 털이 많다. 땅속줄기는 옆으로 길게 뻗는다. 줄기는 가지가 갈라지고, 높이는 25~40cm이다. 잎은 어긋나며, 두껍고, 주걱 모양, 가장자리가 밋밋하다. 잎자루는 없다. 꽃은 가지 끝과 위쪽 잎겨드랑이에 취산 꽃차례로 피며, 지름은 8~10mm, 흰색이다. 화관은 5갈래로 갈라진다. 열매는 핵과, 둥근 타원형, 조금 다육질이고, 둔한 홈이 4개 있다.

1	2	3	4	5	6	7	8	9	10	11	12

지치 | 지치과

Lithospermum erythrorhizon
Siebold et Zucc.

전체에 털이 많다. 뿌리는 깊이 들어가며, 굵고, 마르면 자주색이다. 줄기는 곧추서며, 가지가 갈라지고, 높이는 30~70cm이다. 잎은 어긋나며, 피침형이고, 가장자리가 밋밋하다. 잎자루는 없다. 꽃은 줄기 끝에 총상꽃차례로 달리며, 흰색이고, 지름은 4~5mm이다. 꽃받침과 화관은 5갈래로 갈라진다. 열매는 소견과, 둥글며, 회색이고, 윤기가 있다.

1	2	3	4	5	6
7	8	9	10	11	12

◆ 분포 / 전국
◆ 생육지 / 숲 속 또는 풀밭
◆ 출현 빈도 / 비교적 드묾
◆ 생활형 / 여러해살이풀
◆ 개화기 / 5월 하순~7월 중순
◆ 결실기 / 7~9월
◆ 참고 / 뿌리는 한약재 또는 자주색 염료로 사용한다. 전남 진도의 민속주인 '홍주'의 붉은색을 내는 데도 사용된다.

1986. 6. 6. 서울 북한산

1985. 7. 24. 설악산

◆ 분포 / 중부 이남
◆ 생육지 / 숲 속 또는 숲 가
  장자리
◆ 출현 빈도 / 비교적 흔함
◆ 생활형 / 갈잎떨기나무
◆ 개화기 / 7월 중순~9월
  중순
◆ 결실기 / 9~10월
◆ 참고 / 잎에서 누린내가 나
  므로 이 같은 이름이 붙여
  졌다.

누리장나무 | 마편초과

Clerodendron trichotomum Thunb.

줄기는 가지가 갈라지며, 높이는 2~4m이
다. 잎은 마주나며, 고약한 냄새가 나고, 넓
은 난형, 가장자리가 밋밋하거나 뚜렷하지 않
은 톱니가 있다. 잎 뒷면은 주맥 위에 털이
난다. 꽃은 햇가지 끝에 취산 꽃차례로 달리
며, 흰색이다. 꽃받침은 붉은색이며, 화관은
5갈래로 갈라진다. 열매는 핵과이며, 둥글고,
진한 남색으로 익는다.

| 1 | 2 | 3 | 4 | 5 | 6 | 7 | 8 | 9 | 10 | 11 | 12 |

2002. 9. 14. 경상북도 경산

좀목형 | 마편초과

Vitex negundo L. var. *hetrophylla*
(Franch.) Rehder

줄기는 가늘고, 가지가 많이 갈라지며, 높이는 2~3m이다. 햇가지는 네모지며, 털이 난다. 잎은 마주나며, 작은잎 4~5장으로 된 손바닥 모양의 겹잎이다. 작은잎은 피침형으로 끝이 뾰족하고 가장자리가 깊게 갈라진다. 꽃은 가지 끝에 원추 꽃차례로 피며, 연한 보라색이다. 꽃받침은 종 모양으로 5갈래이다. 열매는 핵과이며, 둥글고, 검게 익는다.

◆ 분포 / 중부 이남
◆ 생육지 / 숲 가장자리 또는 들판
◆ 출현 빈도 / 드묾
◆ 생활형 / 갈잎떨기나무
◆ 개화기 / 7월 초순~9월 초순
◆ 결실기 / 9~10월
◆ 참고 / 경산, 영천 등지 산과 들의 바위 지대에서만 드물게 발견된다.

| 1 | 2 | 3 | 4 | 5 | 6 | 7 | 8 | 9 | 10 | 11 | 12 |

1985. 8. 14. 제주도

열매

◆ 분포 / 중부 이남
◆ 생육지 / 바닷가 모래땅
◆ 출현 빈도 / 비교적 흔함
◆ 생활형 / 갈잎떨기나무
◆ 개화기 / 6월 중순~8월
  중순
◆ 결실기 / 9~10월
◆ 참고 / 해안 사구의 모래가
  유실되는 것을 막아 주는
  나무이다. 열매는 한약재로
  사용한다.

순비기나무 | 마편초과

Vitex rotundifolia L. fil.

전체에 회색빛이 도는 흰 털이 많다. 줄기
는 눕거나 비스듬히 자란다. 잎은 마주나며,
넓은 타원형이고, 가장자리가 밋밋하다. 꽃은
가지 끝에 이삭 꽃차례 모양의 원추 꽃차례로
달리며 연한 보라색이다. 꽃받침은 술잔 모양
이며, 5갈래로 얕게 갈라진다. 화관은 입술
모양이다. 열매는 핵과이며, 둥글고, 검은 갈
색으로 익는다.

1	2	3	4	5	6	7	8	9	10	11	12

열매

1985. 6. 30. 경기도 관악산

작살나무 | 마편초과

Callicarpa japonica Thunb.

줄기는 가지가 갈라지며, 높이는 2~3m이
다. 햇가지는 둥글고 별 모양의 털이 있으나
자라면서 없어진다. 잎은 마주나며, 난형 또
는 긴 타원형, 가장자리에 가는 톱니가 있다.
꽃은 잎겨드랑이에 취산 꽃차례로 달리며, 연
한 자주색이다. 꽃받침은 종 모양이고, 화관
은 끝이 4갈래로 갈라진다. 열매는 핵과, 둥
글며, 지름은 3mm, 자주색으로 익는다.

◆ 분포 / 전국
◆ 생육지 / 숲 속 또는 숲 가
  장자리
◆ 출현 빈도 / 흔함
◆ 생활형 / 갈잎떨기나무
◆ 개화기 / 6월 초순~8월
  초순
◆ 결실기 / 10~11월
◆ 참고 / 열매가 아름다운 관
  상 자원이다.

| 1 | 2 | 3 | 4 | 5 | 6 | 7 | 8 | 9 | 10 | 11 | 12 |

1987. 6. 18. 충청북도 월악산

◆ 분포 / 제주도를 제외한 중
　부 이남
◆ 생육지 / 숲 속
◆ 출현 빈도 / 드묾
◆ 생활형 / 여러해살이풀
◆ 개화기 / 5월 하순~6월
　하순
◆ 결실기 / 8~9월
◆ 참고 / 우리 나라 특산 식물
　이다.

자란초 | 꿀풀과

Ajuga spectabilis Nakai

　뿌리줄기는 옆으로 뻗는다. 줄기는 곧추서
며, 높이는 30~60cm, 털이 없다. 잎은 마주
나며, 위로 올라갈수록 크고, 넓은 타원형이
다. 잎 끝은 뾰족하고, 가장자리에 톱니가 있
다. 잎 앞면은 가는 털이 난다. 꽃은 줄기 끝
과 위쪽 잎겨드랑이에 짧은 총상 꽃차례로 달
리며, 진한 보라색이다. 꽃받침은 종 모양이
고, 화관은 통 모양이다. 열매는 소견과이다.

| 1 | 2 | 3 | 4 | 5 | 6 | 7 | 8 | 9 | 10 | 11 | 12 |

1987. 8. 15. 서울 북한산

층층이꽃 | 꿀풀과

Clinopodium chinense (Benth.) O.
Kuntze var. *parviflorum* (Kudo) H. Hara

전체에 짧은 털이 있다. 줄기는 곧추서며,
네모지고, 높이는 15~60cm, 가지가 갈라진
다. 잎은 마주나며, 난형 또는 긴 난형, 가장
자리에 톱니가 있다. 꽃은 줄기와 가지 위쪽
에 층층이 달리며, 붉은 보라색이다. 꽃받침
은 붉은색을 띠며, 5갈래로 갈라지고, 가장자
리에 긴 털이 많다. 꽃은 입술 모양이다. 열
매는 소견과이며, 둥글다.

◆ 분포 // 전국
◆ 생육지 / 숲 가장자리 또는
  들판
◆ 출현 빈도 / 흔함
◆ 생활형 / 여러해살이풀
◆ 개화기 / 7월 초순~9월
  초순
◆ 결실기 / 8~10월
◆ 참고 / 꽃이 층을 이루어 달
  리므로 이 같은 이름이 붙
  여졌다.

| 1 | 2 | 3 | 4 | 5 | 6 | 7 | 8 | 9 | 10 | 11 | 12 |

2002. 6. 30. 강원도 점봉산

◆ 분포 / 중부 이북
◆ 생육지 / 숲 속 또는 들판
◆ 출현 빈도 / 드묾
◆ 생활형 / 여러해살이풀
◆ 개화기 / 6월 초순~8월
   초순
◆ 결실기 / 8~9월
◆ 참고 / 꽃이 아름다운 원예
   자원이나 남한에서는 멸종
   위기를 맞고 있다.

용머리 | 꿀풀과

Dracocephalum argunense Fisch. ex Link

  줄기는 뿌리에서 여러 대가 나고, 네모지
며, 높이는 15~50cm이다. 잎은 마주난다.
줄기 아래쪽의 잎은 잎자루가 있고, 난형, 가
장자리에 톱니가 있다. 잎겨드랑이에 몇 장의
작은잎이 모여난다. 꽃은 줄기 끝에 이삭 꽃
차례 모양으로 달리며, 푸른빛이 도는 보라
색, 입술 모양, 길이는 2~3cm이다. 꽃받침은
통 모양이다. 열매는 소견과이며, 난형이다.

| 1 | 2 | 3 | 4 | 5 | 6 | 7 | 8 | 9 | 10 | 11 | 12 |

199

1991. 8. 4. 서울 북한산

송장풀 | 꿀풀과

Leonurus macranthus Maxim.

줄기는 곧추서며, 네모지고, 높이는 60~120cm이다. 잎은 마주난다. 줄기 아래쪽의 잎은 난형, 가장자리에 톱니가 있다. 줄기 위쪽의 잎은 작고, 넓은 피침형, 가장자리가 밋밋하다. 꽃은 줄기 위쪽의 잎겨드랑이에 5~6개씩 층층이 달리며, 연분홍색이다. 꽃자루는 없다. 화관은 입술 모양이고, 길이는 2.5~3.0cm이다. 열매는 소견과이며, 검게 익는다.

◆ 분포 / 전국
◆ 생육지 / 숲 속 또는 들판
◆ 출현 빈도 / 흔함
◆ 생활형 / 여러해살이풀
◆ 개화기 / 8월 초순~9월 초순
◆ 결실기 / 9~10월
◆ 참고 / 전초를 한약재로 사용한다.

1	2	3	4	5	6	7	8	9	10	11	12

2002. 6. 15. 한라산

◆ 분포 / 전국
◆ 생육지 / 높은 산의 숲 속
◆ 출현 빈도 / 비교적 드묾
◆ 생활형 / 여러해살이풀
◆ 개화기 / 7월 중순~9월 초순
◆ 결실기 / 9~10월
◆ 참고 / 어린순은 먹을 수 있고, 뿌리는 한약재로 사용한다.

속단 | 꿀풀과

Phlomis umbrosa Turcz.

  뿌리는 굵고 길며, 덩이뿌리가 발달한다. 줄기는 곧추서며, 높이 80~150cm, 가지가 갈라진다. 잎은 마주난다. 뿌리잎은 넓은 난형이고, 가장자리에 뾰족한 톱니가 있다. 줄기잎은 심장상 난형이다. 꽃은 줄기 위쪽의 잎겨드랑이에 몇 개씩 층층이 돌려나며, 분홍색 또는 드물게 흰색이다. 꽃받침은 통 모양, 화관은 입술 모양이다. 열매는 소견과이다.

1	2	3	4	5	6	7	8	9	10	11	12

2003. 6. 1. 경기도 불곡산

광릉골무꽃 | 꿀풀과

Scutellaria insignis Nakai

줄기는 곧추서며, 높이는 15~40cm이다.
잎은 마주나는데, 이웃마디의 잎과 열십자로
교차하여 달리며, 긴 타원형, 끝이 뾰족하고
가장자리에 톱니가 드문드문 난다. 꽃은 줄기
끝에 총상 꽃차례로 피며, 푸른 보라색, 입술
모양, 길이 2~3cm이다. 꽃받침은 종 모양이
고, 화관은 윗입술과 아랫입술의 길이가 비슷
하다. 열매는 소견과이며, 4개로 갈라진다.

◆ 분포 / 경기도 이남
◆ 생육지 / 숲 속
◆ 출현 빈도 / 드묾
◆ 생활형 / 여러해살이풀
◆ 개화기 / 5월 초순~6월 중순
◆ 결실기 / 7~8월
◆ 참고 / 우리 나라 특산 식물 이다.

1	2	3	4	5	6	7	8	9	10	11	12

석잠풀 | 꿀풀과

Stachys japonica Miq.

땅속줄기는 희고, 길게 옆으로 뻗는다. 줄기는 곧추서며, 높이는 40~80cm이다. 잎은 마주나며, 피침형, 가장자리에 뾰족한 톱니가 있다. 잎은 위로 갈수록 작다. 꽃은 위쪽의 잎겨드랑이에 6~8개씩 층층이 돌려나며, 연한 자주색, 입술 모양, 길이는 1.2~1.5cm이다. 꽃자루는 없다. 꽃받침은 종 모양이다. 열매는 소견과이며, 꽃받침 속에 들어 있다.

1	2	3	4	5	6
7	8	9	10	11	12

◆ 분포 / 전국
◆ 생육지 / 산자락 및 들판의 습기 많은 곳
◆ 출현 빈도 / 흔함
◆ 생활형 / 여러해살이풀
◆ 개화기 / 6월 초순~8월 중순
◆ 결실기 / 8~10월
◆ 참고 / 화관의 아랫입술은 3갈래인데, 가운데 갈래가 가장 길다.

1986. 6. 23. 충청북도 속리산

2004. 7. 8. 경상남도 가야산

백리향 | 꿀풀과

Thymus quinquecostatus Celak.

줄기는 가지가 많이 갈라지고, 땅 위를 기
다 끝이 비스듬히 서며, 높이 10~30cm이다.
잎은 마주나며, 난상 타원형, 가장자리가 밋
밋하다. 잎자루는 짧다. 꽃은 잎겨드랑이에
2~4개씩 달리지만 가지 끝에 모여 이삭 꽃차
례처럼 보이며, 분홍색 또는 드물게 흰색이
다. 꽃받침과 화관은 입술 모양이다. 열매는
소견과이다.

◆ 분포 / 전국
◆ 생육지 / 높은 산의 바위 겉
◆ 출현 빈도 / 드묾
◆ 생활형 / 갈잎작은떨기나무
◆ 개화기 / 6월 초순~8월
  하순
◆ 결실기 / 8~10월
◆ 참고 / 풀처럼 보이지만 나
  무이다. 전체에서 향기가
  진하게 난다.

| 1 | 2 | 3 | 4 | 5 | 6 | 7 | 8 | 9 | 10 | 11 | 12 |

1989. 9. 20. 한라산

◆ 분포 / 한라산, 가야산, 설악산
◆ 생육지 / 높은 산 능선의 풀밭
◆ 출현 빈도 / 매우 드묾
◆ 생활형 / 한해 또는 두해살이풀
◆ 개화기 / 7월 하순~9월 하순
◆ 결실기 / 9~10월
◆ 참고 / 우리 나라 특산 식물이다. 북부 지방에 분포하는 '구름송이풀'에 비해 털이 더 많다.

한라송이풀 | 현삼과

Pedicularis hallaisanensis Hurus.

전체에 털이 많다. 줄기는 곧추서며, 밑에서 가지가 갈라지고, 높이는 10~30cm이다. 잎은 3~6장씩 돌려나며, 긴 타원형이고, 5~7쌍의 깃꼴로 갈라진다. 잎자루는 위로 갈수록 짧다. 꽃은 줄기 끝에 짧은 총상 꽃차례로 달리며, 입술 모양이고 자주색이다. 꽃받침은 통모양, 끝이 5갈래로 갈라지며, 세로 줄무늬가 있다. 열매는 삭과, 긴 난형이다.

| 1 | 2 | 3 | 4 | 5 | 6 | 7 | 8 | 9 | 10 | 11 | 12 |

1988. 8. 10. 경상북도 소백산

송이풀 | 현삼과

Pedicularis resupinata L.

줄기는 여러 대가 모여나며, 붉은 보라색을 띠고, 높이 30~100cm, 아래쪽은 땅에 눕는다. 잎은 어긋나거나 마주나며, 긴 타원형, 가장자리에 톱니가 있다. 꽃은 줄기 끝에서 모여 달리며, 붉은 보라색 또는 흰색, 길이는 2.0~2.5cm이다. 화관은 통 모양이며, 끝이 입술 모양이다. 아랫입술은 3갈래로 갈라진다. 열매는 삭과이며, 난형이다.

◆ 분포 / 전국
◆ 생육지 / 숲 속
◆ 출현 빈도 / 비교적 흔함
◆ 생활형 / 여러해살이풀
◆ 개화기 / 7월 하순~9월 하순
◆ 결실기 / 9~10월
◆ 참고 / 꽃 색깔, 잎 모양, 잎차례 등의 변이가 심한 식물이다. 어린잎은 먹을 수 있다.

| 1 | 2 | 3 | 4 | 5 | 6 | 7 | 8 | 9 | 10 | 11 | 12 |

1997. 6. 11. 경상북도 울릉도

◆ 분포 / 울릉도
◆ 생육지 / 양지바른 풀밭 또
  는 길가
◆ 출현 빈도 / 비교적 드묾
◆ 생활형 / 여러해살이풀
◆ 개화기 / 5월 하순~7월
  중순
◆ 결실기 / 7~9월
◆ 참고 / 우리 나라 특산 식물
  이다.

섬꼬리풀 | 현삼과

Pseudolysimachion insulare (Nakai)
T. Yamaz.

전체에 털이 있다. 줄기는 곧추서며, 가지
가 갈라지고, 높이는 20~50cm이다. 잎은
마주나며, 난상 타원형, 가장자리가 깊게 갈
라지고, 밑이 둥글거나 심장 모양에 가깝다.
꽃은 잎겨드랑이와 줄기 끝에 총상 꽃차례로
달리며, 연보라색이다. 꽃받침은 4갈래로 깊
게 갈라진다. 화관은 4갈래로 갈라진다. 열매
는 삭과이며, 납작한 타원형이다.

| 1 | 2 | 3 | 4 | 5 | 6 | 7 | 8 | 9 | 10 | 11 | 12 |

2000. 6. 4. 경상북도 울릉도

섬현삼 | 현삼과

Scrophularia takesimensis Nakai

줄기는 네모지며, 줄 모양의 능선이 발달하지만 날개는 없고, 높이는 80~150cm이다. 잎은 마주나며, 넓은 난형, 가장자리에 크고 둥근 톱니가 있다. 잎 양 면은 녹색이며, 털이 없다. 잎자루는 길다. 꽃은 줄기 끝에 원추 꽃차례로 달리며, 검붉은 보라색이다. 꽃받침은 5갈래로 갈라지며, 화관은 단지 모양이다. 열매는 삭과, 둥근 모양, 끝이 뾰족하다.

◆ 분포 / 울릉도
◆ 생육지 / 바닷가 자갈밭
◆ 출현 빈도 / 드묾
◆ 생활형 / 여러해살이풀
◆ 개화기 / 5월 하순~7월 초순
◆ 결실기 / 7~8월
◆ 참고 / 우리 나라 특산 식물이다. 해안 개발로 자생지가 파괴되어 멸종 위기를 맞고 있다.

| 1 | 2 | 3 | 4 | 5 | 6 | 7 | 8 | 9 | 10 | 11 | 12 |

2002. 7. 20. 경상북도 소백산

◆ 분포 / 소백산 이북
◆ 생육지 / 높은 산의 숲 속 또는 능선
◆ 출현 빈도 / 비교적 드묾
◆ 생활형 / 여러해살이풀
◆ 개화기 / 6월 중순~8월 하순
◆ 결실기 / 8~9월
◆ 참고 / 꽃이 아름다운 원예 자원이다. 화관이 술잔 모양이 아니라 통 모양으로서 끝만 얕게 갈라지므로 꼬리풀속과는 다른 속으로 구분한다.

냉초 | 현삼과

Veronicastrum sibiricum (L.) Pennell

줄기는 곧추서며, 가지가 갈라지지 않고, 높이 1.0~1.5m, 털이 난다. 잎은 마디마다 3~9장씩 돌려나며, 긴 타원형, 끝이 매우 뾰족하고 가장자리에 톱니가 있다. 꽃은 이삭꽃차례로 빽빽이 달리며, 붉은 보라색 또는 보라색이다. 꽃받침은 4갈래로 갈라진다. 화관은 끝이 4갈래로 얕게 갈라진다. 열매는 삭과이다.

1	2	3	4	5	6	7	8	9	10	11	12

1994. 7. 5. 백두산

오리나무더부살이 | 열당과

Boschniakia rossica (Cham. et Schltdl.)
Fedtsch. et Flerov

전체가 노란 갈색이고 다육질이다. 땅속줄기는 덩이 모양이다. 줄기는 곧추서며, 둥근 기둥 모양, 높이는 15~30cm이다. 잎은 비늘 모양이며, 줄기에 빽빽하게 달리고, 삼각형이다. 꽃은 줄기 위쪽에 이삭 꽃차례로 많이 달리며, 어두운 보라색, 길이는 1.5cm쯤이다. 꽃받침은 잔 모양, 5갈래로 갈라진다. 화관은 입술 모양이다. 열매는 삭과이며, 둥글다.

◆ 분포 / 북부 지방
◆ 생육지 / 높은 산의 숲 속
◆ 출현 빈도 / 드묾
◆ 생활형 / 한해살이 기생 식물
◆ 개화기 / 6월 하순~8월 중순
◆ 결실기 / 9~10월
◆ 참고 / '두메오리나무' 뿌리에 기생한다. '불로초'라고도 한다.

| 1 | 2 | 3 | 4 | 5 | 6 | 7 | 8 | 9 | 10 | 11 | 12 |

2003. 5. 31. 경상북도 울릉도

◆ 분포 / 전국
◆ 생육지 / 바닷가 모래땅
◆ 출현 빈도 / 드묾
◆ 생활형 / 여러해살이 기생
  식물
◆ 개화기 / 5월 중순~7월
  초순
◆ 결실기 / 7~8월
◆ 참고 / 주로 '사철쑥'의 뿌
  리에 기생한다.

초종용 | 열당과

Orobanche coerulescens Stephan ex Willd.

전체에 희고 부드러운 털이 있다. 뿌리줄
기는 통통하고, 수염뿌리가 사철쑥 뿌리에 붙
는다. 줄기는 외대로 곧추서며, 높이는 10~
40cm, 노란빛이 도는 갈색이다. 잎은 드문
드문 어긋나며, 비늘 모양이다. 꽃은 줄기 위
쪽에 이삭 꽃차례로 달리며, 연보라색, 길이
는 1.8~2.5cm이다. 화관은 통 모양이다. 열
매는 삭과이며, 타원형이다.

| 1 | 2 | 3 | 4 | 5 | 6 | 7 | 8 | 9 | 10 | 11 | 12 |

1997. 7. 9. 경상북도 일월산

가지더부살이 | 열당과

Phacellanthus tubiflorus Siebold et Zucc.

전체가 흰색 또는 연한 노란색이며, 꽃이 핀 뒤에 갈색이 된다. 줄기는 여러 대가 모여나며 다육질이다. 잎은 비늘 모양으로 줄기를 덮으며, 난형 또는 타원형이다. 꽃은 줄기 끝에 5~10개가 머리 모양으로 모여 달리며, 길이는 2~3cm이고, 처음에는 흰색이지만 갈색으로 변한다. 화관은 긴 통 모양이다. 열매는 삭과이며, 타원상 난형이다.

◆ 분포 / 제주도를 제외한 전국
◆ 생육지 / 숲 속
◆ 출현 빈도 / 드묾
◆ 생활형 / 여러해살이 기생식물
◆ 개화기 / 6월 중순~7월 하순
◆ 결실기 / 8~9월
◆ 참고 / 참나무 종류와 수국 종류의 뿌리에 기생한다. 울릉도에도 분포한다.

| 1 | 2 | 3 | 4 | 5 | 6 | 7 | 8 | 9 | 10 | 11 | 12 |

1997. 6. 1. 강원도 영월

산토끼꽃목 (Dipsacales)

- ◆ 분포 / 충청북도, 강원도, 평안남도 맹산
- ◆ 생육지 / 산기슭의 양지
- ◆ 출현 빈도 / 비교적 드묾
- ◆ 생활형 / 갈잎떨기나무
- ◆ 개화기 / 5월 중순~6월 중순
- ◆ 결실기 / 9~10월
- ◆ 참고 / 단양, 영월, 정선, 제천 등 석회암 지대에 분포한다. '댕강나무'와 같은 종이다.

줄댕강나무 | 인동과

Abelia tyaihyoni Chung ex Nakai

줄기는 겉에 6개의 골이 있으며, 마디가 굵고, 높이는 1~3m이다. 잎은 마주나며, 난형 또는 타원형이다. 잎 가장자리는 보통 밋밋하지만 햇가지에서는 크게 갈라지기도 한다. 꽃은 햇가지 위쪽의 잎겨드랑이에 취산꽃차례로 달리며, 길이는 1.5cm쯤, 바깥쪽은 연붉은색이고 안쪽은 흰색이다. 꽃받침은 5갈래로 갈라진다. 열매는 수과이다.

| 1 | 2 | 3 | 4 | 5 | 6 | 7 | 8 | 9 | 10 | 11 | 12 |

1995. 7. 26. 백두산

린네풀 | 인동과

Linnaea borealis L.

줄기는 땅 위에 길게 뻗으며, 마디에서 뿌리가 나고, 높이는 20cm 이하이다. 잎은 마주나며, 타원형, 가장자리의 중앙 위쪽에 둔한 톱니가 있다. 꽃은 햇가지 끝에 난 꽃대 끝에 2개씩 밑을 향해 달리며, 흰색 또는 연붉은색이고, 길이는 1.2cm쯤이다. 꽃받침은 5갈래로 갈라지며, 녹색이다. 열매는 수과이다.

| 1 | 2 | 3 | 4 | 5 | 6 | 7 | 8 | 9 | 10 | 11 | 12 |

◆ 분포 / 북부 지방
◆ 생육지 / 높은 산의 숲 속 또는 숲 가장자리
◆ 출현 빈도 / 드묾
◆ 생활형 / 늘푸른작은떨기나무
◆ 개화기 / 6월 중순~7월 하순
◆ 결실기 / 9~10월
◆ 참고 / 풀처럼 보이지만 나무이다. 식물학자 '린네'를 뜻하는 라틴어 속명에서 이 같은 이름이 붙여졌다.

1989. 5. 28. 설악산

열매

◆ 분포 / 제주도, 강원도 및 북부 지방
◆ 생육지 / 높은 산의 숲 속
◆ 출현 빈도 / 드묾
◆ 생활형 / 갈잎떨기나무
◆ 개화기 / 5월 초순~7월 초순
◆ 결실기 / 7~8월
◆ 참고 / 북방계 식물로서 남한에서는 한라산, 설악산 등지에 드물게 자란다.

댕댕이나무 | 인동과

Lonicera caerulea L. var. *edulis* Turcz. ex Herder

줄기는 가지가 많이 갈라지며, 높이는 1.0~1.5m이다. 줄기의 속은 흰색이며 꽉 찬다. 잎은 마주나며, 긴 타원형 또는 난상 타원형, 가장자리가 밋밋하고 털이 난다. 꽃은 잎겨드랑이에서 난 꽃자루 끝에 2개씩 달리며, 노란빛이 도는 흰색이다. 화관은 긴 종 모양이고, 끝이 같은 크기로 5갈래로 갈라진다. 열매는 장과이며, 2개가 완전히 합쳐지고, 검게 익는다.

| 1 | 2 | 3 | 4 | 5 | 6 | 7 | 8 | 9 | 10 | 11 | 12 |

열매

1984. 5. 13. 경기도 관악산

괴불나무 | 인동과

Lonicera maackii (Rupr.) Maxim.

줄기는 속이 갈색이지만 반쯤 비어 있고, 높이는 2~5m이다. 잎은 마주나며, 난상 타원형이고, 가장자리가 밋밋하다. 잎 양 면은 털이 난다. 꽃은 잎겨드랑이에서 난 꽃자루 끝에 2개씩 달리며, 입술 모양이고, 길이는 2cm쯤, 흰색에서 노란색으로 변한다. 꽃받침은 5갈래로 갈라진다. 열매는 장과이며, 2개가 서로 떨어져 있고, 둥글다.

◆ 분포 / 전국
◆ 생육지 / 산기슭 또는 골짜기
◆ 출현 빈도 / 비교적 드묾
◆ 생활형 / 갈잎떨기나무
◆ 개화기 / 5월 중순~6월 하순
◆ 결실기 / 9~10월
◆ 참고 / 키가 크고 꽃이 늦게 피는 괴불나무속 식물이다. 열매는 먹을 수 있다.

| 1 | 2 | 3 | 4 | 5 | 6 | 7 | 8 | 9 | 10 | 11 | 12 |

1995. 7. 11. 설악산

열매

◆ 분포 / 전국
◆ 생육지 / 높은 산의 숲 속
◆ 출현 빈도 / 드묾
◆ 생활형 / 갈잎떨기나무
◆ 개화기 / 5월 중순~7월 초순
◆ 결실기 / 7~9월
◆ 참고 / 꽃과 어린 줄기가 붉은색을 띠므로 이 같은 이름이 붙여졌다.

홍괴불나무 | 인동과

Lonicera sachalinensis (F. Schmidt) Nakai

줄기는 속이 흰색으로 꽉 차며, 높이는 2~3m이다. 햇가지는 2~4줄로 모가 나고, 보통 붉은색을 띤다. 잎은 마주나며, 난상 타원형이고, 가장자리가 밋밋하다. 꽃은 햇가지의 잎겨드랑이에 2개씩 달리며, 입술 모양이고, 진한 붉은색이다. 꽃받침은 끝이 5갈래로 깊게 갈라지며, 갈래는 삼각형이다. 열매는 장과이며, 2개가 합쳐지고, 붉게 익는다.

1	2	3	4	5	6	7	8	9	10	11	12

열매   1996. 6. 16. 강원도 금대봉

구슬댕댕이 | 인동과

Lonicera vesicaria Kom.

줄기는 속이 흰색으로 꽉 차며, 높이 1.5~
2.0m이다. 햇가지에 샘털과 굳센 털이 난다.
잎은 마주나며, 난형 또는 넓은 난형, 가장자리
가 밋밋하고 가는 털이 있다. 꽃은 잎겨드랑이
에 난 길이 3~4mm의 꽃자루 끝에 2개씩 달
리며, 연한 노란색이다. 포엽은 크고, 난형이
다. 화관은 입술 모양으로 아랫입술은 가늘고
길다. 열매는 장과이며, 둥글고, 붉게 익는다.

◆ 분포/중부 이북
◆ 생육지/높은 산의 숲 속
  또는 능선
◆ 출현 빈도/드묾
◆ 생활형/갈잎떨기나무
◆ 개화기 / 5월 하순~6월
  중순
◆ 결실기 / 9~10월
◆ 참고 / 소백산, 태백산 등
  높은 산에 분포한다. 잘 익
  은 열매를 먹을 수 있다.

| 1 | 2 | 3 | 4 | 5 | 6 | 7 | 8 | 9 | 10 | 11 | 12 |

1995. 5. 31. 강원도 가리왕산

열매

◆ 분포 / 중부 이남
◆ 생육지 / 숲 속
◆ 출현 빈도 / 드묾
◆ 생활형 / 갈잎떨기나무
◆ 개화기 / 5월 초순~6월 하순
◆ 결실기 / 7~8월
◆ 참고 / 덕유산, 지리산 등 남쪽 높은 산에 분포한다.

왕괴불나무 | 인동과

Lonicera vidalii Franch. et Sav.

　줄기는 속이 흰색으로 꽉 차며 높이 2~5 m이다. 잎은 마주나며, 타원형 또는 긴 타원형, 끝이 길게 뾰족하고 가장자리가 밋밋하다. 잎 양 면에는 털이 나는데, 특히 뒷면 맥 위에 많다. 꽃은 잎겨드랑이에 난 길이 1.0~2.5cm의 꽃자루 끝에 2개씩 달리며, 노란빛이 도는 흰색이다. 화관은 입술 모양이다. 열매는 장과이며, 2개가 가운데까지 합쳐진다.

| 1 | 2 | 3 | 4 | 5 | 6 | 7 | 8 | 9 | 10 | 11 | 12 |

1996. 6. 7. 설악산

배암나무 | 인동과

Viburnum koreanum Nakai

줄기는 속이 희며, 높이 1~2m이다. 잎은 마주나며, 둥근 모양, 끝이 보통 3갈래로 얕게 갈라지고, 가장자리에 톱니가 있다. 잎 뒷면은 연한 녹색이며, 맥 위에 별 모양의 털이 난다. 꽃은 햇가지 끝에 3~10개가 산형 꽃차례로 달리며, 모두 양성화이고, 흰색이다. 열매는 핵과이며, 붉게 익는다.

| 1 | 2 | 3 | 4 | 5 | 6 | 7 | 8 | 9 | 10 | 11 | 12 |

◆ 분포 / 지리산, 덕유산, 강원도 이북
◆ 생육지 / 높은 산의 숲 속
◆ 출현 빈도 / 드묾
◆ 생활형 / 갈잎떨기나무
◆ 개화기 / 5월 초순~6월 중순
◆ 결실기 / 9~10월
◆ 참고 / 꽃차례의 가장자리에 중성화가 달리지 않으므로 '백당나무'와 구분할 수 있다.

1995. 7. 6. 강원도 응복산

열매

◆ 분포 / 전국
◆ 생육지 / 숲 속
◆ 출현 빈도 / 흔함
◆ 생활형 / 갈잎떨기나무
◆ 개화기 / 5월 초순~6월 하순
◆ 결실기 / 9~10월
◆ 참고 / 꽃차례의 모든 꽃이 중성화로 이루어진 원예품종을 '불두화' 라고 한다.

백당나무 | 인동과

Viburnum opulus L. var. *calvescens*
(Rehder) H. Hara

줄기는 껍질에 코르크가 발달하며, 속은 희고, 높이는 3~6m이다. 햇가지는 붉은빛이 도는 녹색이며, 털이 없다. 잎은 마주나며, 위쪽이 3갈래로 갈라지고, 넓은 난형, 가장자리에 톱니가 있다. 꽃은 햇가지 끝에 산방 꽃차례로 달리며, 흰색이다. 꽃차례 가장자리에 중성화가 달린다. 열매는 핵과이며, 둥글고, 붉게 익는다.

1	2	3	4	5	6	7	8	9	10	11	12

1997. 8. 10. 충청북도 단양

돌마타리 | 마타리과

Patrinia rupestris (Pall.) Juss.

전체에 털이 거의 없다. 줄기는 곧추서며, 위쪽에서 가지가 갈라지기도 하고, 높이 20~80cm이다. 잎은 마주나며, 깃꼴로 깊게 또는 완전히 갈라진다. 잎자루가 거의 없다. 잎 양 면에는 눌린 털이 난다. 꽃은 줄기와 가지 끝에 산방 꽃차례로 달리며, 노란색이다. 꽃받침은 뚜렷하지 않다. 화관은 종 모양이다. 열매는 건과이며, 도란형이다.

◆ 분포 / 충청북도 이북
◆ 생육지 / 저지대의 바위 지대
◆ 출현 빈도 / 비교적 드묾
◆ 생활형 / 여러해살이풀
◆ 개화기 / 7월 중순~9월 초순
◆ 결실기 / 8~10월
◆ 참고 / 석회암 지대에 비교적 흔하게 분포한다. '마타리'에 비해서 키가 작다.

| 1 | 2 | 3 | 4 | 5 | 6 | 7 | 8 | 9 | 10 | 11 | 12 |

1990. 6. 8. 지리산

◆ 분포 / 제주도를 제외한 전국
◆ 생육지 / 높은 산의 바위 표면
◆ 출현 빈도 / 비교적 드묾
◆ 생활형 / 여러해살이풀
◆ 개화기 / 6월 초순~7월 초순
◆ 결실기 / 8~9월
◆ 참고 / 우리 나라 특산 식물이다.

금마타리 | 마타리과

Patrinia saniculaefolia Hemsl.

줄기는 외대로 곧추서며, 높이는 30~50cm이다. 뿌리잎은 손바닥 모양, 5~7갈래로 갈라지고, 잎자루가 길며, 밑이 심장형, 잎 가장자리에 톱니가 있다. 줄기잎은 마주나며, 깃꼴로 깊게 갈라진다. 꽃은 줄기 끝에 산방 꽃차례로 달리며, 노란색이다. 화관은 종 모양이며, 5갈래로 갈라진다. 열매는 건과이며, 타원형이고, 날개 모양의 포엽이 붙어 있다.

1	2	3	4	5	6	7	8	9	10	11	12

2002. 8. 25. 강원도 대덕산

산토끼꽃 | 산토끼꽃과

Dipsacus japonicus Miq.

　줄기는 곧추서며, 가지가 갈라지고, 높이 80~120cm, 가시 같은 샘털이 난다. 뿌리잎은 긴 타원형으로 가장자리가 갈라지지 않거나 3갈래로 갈라진다. 줄기잎은 마주난다. 꽃은 줄기와 가지 끝에 지름 2~4cm의 두상꽃차례로 달리며, 분홍색이다. 꽃받침은 잔모양이고 화관은 통 모양이다. 열매는 수과이며, 긴 타원형, 위쪽에 털이 있다.

◆ 분포 / 중부 이북
◆ 생육지 / 숲 가장자리 또는 들판
◆ 출현 빈도 / 드묾
◆ 생활형 / 두해살이풀
◆ 개화기 / 7월 하순~8월 하순
◆ 결실기 / 9~10월
◆ 참고 / 단양, 정선, 영월, 제천 등지의 석회암 지대에 분포한다.

| 1 | 2 | 3 | 4 | 5 | 6 | 7 | 8 | 9 | 10 | 11 | 12 |

1992. 8. 5. 한라산

◆ 분포 / 한라산
◆ 생육지 / 고지대의 풀밭
◆ 출현 빈도 / 드묾
◆ 생활형 / 여러해살이풀
◆ 개화기 / 7월 초순~9월 초순
◆ 결실기 / 9~10월
◆ 참고 / 우리 나라 특산 식물로 알려져 있지만, 일본에 나는 것과 같은 것으로 보는 견해도 있다.

섬잔대 | 초롱꽃과

Adenophora taquetii H. Lév.

뿌리는 굵다. 줄기는 곧추서거나 밑에서는 굽으며, 몇 대가 모여나고, 높이 10~30cm이다. 잎은 어긋나며, 도란상 타원형, 가장자리에 톱니가 있다. 잎자루는 없다. 꽃은 줄기 끝에서 1개가 피거나 총상 꽃차례를 이루어 달리며, 하늘색이고, 위 또는 옆을 향한다. 꽃받침은 녹색이다. 화관은 종 모양이며, 끝이 5갈래로 갈라진다. 열매는 삭과이다.

| 1 | 2 | 3 | 4 | 5 | 6 | 7 | 8 | 9 | 10 | 11 | 12 |

1994. 7. 31. 지리산

모싯대 | 초롱꽃과

Adenophora remotiflora (Siebold et Zucc.) Miq.

줄기는 곧추서며, 가지가 거의 갈라지지 않고, 높이는 40~100cm이다. 잎은 어긋나며, 난형 또는 넓은 피침형, 끝이 길게 뾰족하고, 밑은 둥글거나 심장형이다. 꽃은 여러 개가 원추 꽃차례로 달리며, 밑을 향하고, 종모양, 보라색, 드물게 흰색, 길이 2~4cm이다. 포엽은 피침형이고, 가장자리에 잔 톱니가 있다. 열매는 삭과이다.

◆ 분포 / 전국
◆ 생육지 / 숲 속
◆ 출현 빈도 / 비교적 흔함
◆ 생활형 / 여러해살이풀
◆ 개화기 / 7월 중순~9월 초순
◆ 결실기 / 9~10월
◆ 참고 / '도라지모싯대'와 같은 것이다.

| 1 | 2 | 3 | 4 | 5 | 6 | 7 | 8 | 9 | 10 | 11 | 12 |

1993. 6. 13. 강원도 서화리

◆ 분포 / 제주도를 제외한 전국
◆ 생육지 / 숲 속 또는 들판
◆ 출현 빈도 / 비교적 흔함
◆ 생활형 / 여러해살이풀
◆ 개화기 / 5월 하순~7월 초순
◆ 결실기 / 7~9월
◆ 참고 / 꽃의 모양이 초롱을 닮았다 하여 이 같은 이름이 붙여졌다. 어린잎은 나물로 먹는다.

초롱꽃 | 초롱꽃과

Campanula punctata Lam.

전체에 거친 털이 많다. 줄기는 곧추서며, 높이는 30~100cm이다. 뿌리잎은 난상 심장형이고, 잎자루가 길다. 줄기잎은 어긋나며, 가장자리에 불규칙한 큰 톱니가 있다. 꽃은 줄기와 가지 끝에 몇 개가 달리며, 밑을 향하고, 종 모양, 흰색, 길이 4~5cm이다. 꽃자루는 길다. 화관 안쪽에 붉은 보라색 점이 있다. 열매는 삭과이며, 난형이다.

| 1 | 2 | 3 | 4 | 5 | 6 | 7 | 8 | 9 | 10 | 11 | 12 |

227

흰색 꽃

1996. 8. 6. 설악산

금강초롱꽃 | 초롱꽃과

Hanabusaya asiatica (Nakai) Nakai

줄기는 가지가 갈라지지 않으며, 높이는 20~70cm이다. 잎은 어긋나며, 줄기 아래쪽에는 드문드문 달리고, 일찍 떨어진다. 줄기 끝부분의 잎은 다닥다닥 붙어서 돌려난 것처럼 보인다. 꽃은 줄기 끝에 1~2개씩 달리거나 원추 꽃차례로 여러 개가 달리며, 푸른 보라색, 길이는 3~5cm이다. 꽃받침은 5갈래이며, 선형이다. 열매는 삭과이다.

| 1 | 2 | 3 | 4 | 5 | 6 | 7 | 8 | 9 | 10 | 11 | 12 |

◆ 분포 / 경기도 이북
◆ 생육지 / 높은 산의 숲 속
◆ 출현 빈도 / 드묾
◆ 생활형 / 여러해살이풀
◆ 개화기 / 7월 하순~9월 초순
◆ 결실기 / 9~10월
◆ 참고 / 우리 나라 특산속 식물이다.

초롱꽃목 (Campanulales)

228

1995. 8. 4. 한라산

◆ 분포 / 한라산
◆ 생육지 / 고지대의 건조한 풀밭
◆ 출현 빈도 / 드묾
◆ 생활형 / 여러해살이풀
◆ 개화기 / 8월 초순~9월 초순
◆ 결실기 / 9~10월
◆ 참고 / 우리 나라에서는 한라산에만 분포하며, 일본에서도 자란다.

구름떡쑥 | 국화과

Anaphalis sinica Hance var. *morii* (Nakai) Ohwi

전체에 솜털이 많다. 뿌리줄기는 옆으로 뻗는다. 줄기는 여러 대가 모여나며, 높이는 5~20cm이다. 잎은 줄기에 다닥다닥 달리며, 아래쪽의 것은 꽃이 필 때 시든다. 잎자루는 없다. 꽃은 줄기 끝에 1개 또는 몇 개의 두상화가 모여 달리며, 노란빛이 도는 흰색이다. 두상화는 모두 관상화로 이루어진다. 열매는 수과이며, 긴 타원형이다.

1	2	3	4	5	6	7	8	9	10	11	12

흰색 꽃   1995. 6. 6. 경기도 청계산

엉겅퀴 | 국화과

Cirsium japonicum DC. var. *ussuriense*
(Regel) Kitam.

줄기는 곧추서며, 높이는 50~100cm이다.
처음에 줄기 아래쪽에 털이 나지만 없어지고,
위쪽에 거미줄 같은 털이 난다. 뿌리잎은 모여
나며, 깃꼴로 얕게 또는 반쯤 갈라지고, 가시
가 있다. 줄기잎은 어긋나며, 깃꼴로 깊게 갈
라진다. 꽃은 줄기와 가지 끝에 두상 꽃차례로
피며, 붉은 보라색이고, 모두 관상화로 이루어
진다. 열매는 수과이며, 긴 타원형이다.

◆ 분포 / 전국
◆ 생육지 / 숲 가장자리 또는
  들판
◆ 출현 빈도 / 흔함
◆ 생활형 / 여러해살이풀
◆ 개화기 / 6월 초순~8월
  하순
◆ 결실기 / 8~10월
◆ 참고 / 흰색 꽃이 피는 개체
  가 드물게 발견된다. 뿌리
  는 한약재로 사용한다.

| 1 | 2 | 3 | 4 | 5 | 6 | 7 | 8 | 9 | 10 | 11 | 12 |

1995. 8. 25. 한라산

◆ 분포 / 전국
◆ 생육지 / 높은 산의 풀밭
◆ 출현 빈도 / 드묾
◆ 생활형 / 여러해살이풀
◆ 개화기 / 7월 중순~9월 초순
◆ 결실기 / 9~10월
◆ 참고 / 잎 가장자리에 날카로운 가시가 나며, 흰색 꽃이 피는 개체가 드물게 발견된다.

절굿대 | 국화과

Echinops setifer Iljin

전체에 흰 솜털이 많다. 뿌리는 굵고, 깊게 들어간다. 줄기는 곧추서며, 깊은 홈이 있고, 높이는 1.0~1.5m이다. 뿌리잎은 모여나며, 깃꼴로 깊게 갈라진다. 줄기잎은 어긋나며, 위로 갈수록 작고, 잎자루도 짧다. 꽃은 줄기 끝에 두상화가 1개씩 달리며, 푸른 보라색이다. 두상화는 둥글며, 모두 관상화이다. 열매는 수과이며, 원통 모양이고, 털이 많다.

1	2	3	4	5	6	7	8	9	10	11	12

1994. 7. 21. 백두산

구름국화 | 국화과

Erigeron thunbergii A. Gray var.
glabratus (A. Gray) H. Hara

줄기는 높이가 10~35cm이며, 겉에 긴 털
이 나고, 밑부분에 마른 잎이 붙어 있다. 뿌
리잎은 주걱 모양이며, 가장자리가 밋밋하다.
줄기잎은 위로 갈수록 작고, 주걱 모양 또는
선형이다. 꽃은 줄기 끝에 두상 꽃차례로 달
리며, 붉은 보라색 또는 연보라색이다. 두상
화는 지름이 3~4cm이다. 열매는 수과이며,
긴 타원형이고, 털이 있다.

◆ 분포 / 북부 지방
◆ 생육지 / 높은 산의 풀밭
◆ 출현 빈도 / 드묾
◆ 생활형 / 여러해살이풀
◆ 개화기 / 7월 초순~8월
  하순
◆ 결실기 / 9~10월
◆ 참고 / 백두산 등지에 분포
  하는 북방계 식물로서 남
  한에서는 자라지 않는다.

| 1 | 2 | 3 | 4 | 5 | 6 | 7 | 8 | 9 | 10 | 11 | 12 |

1984. 6. 9. 한라산

◆ 분포 / 전국
◆ 생육지 / 들판의 양지
◆ 출현 빈도 / 비교적 드묾
◆ 생활형 / 여러해살이풀
◆ 개화기 / 5월 초순~6월
　 하순
◆ 결실기 / 8~10월
◆ 참고 / 가지가 갈라져서 땅
　 위를 기며, 잎이 삽 모양으
　 로 생겼으므로 쉽게 구분
　 된다.

좀씀바귀 | 국화과

Ixeris stolonifera A. Gray

줄기는 연약하며, 가지가 갈라지면서 땅
위를 기고, 마디에서 수염뿌리가 내린다. 잎
은 뿌리에서 모여나거나 줄기에 어긋나며,
난형 또는 타원형이다. 잎자루는 길다. 꽃은
뿌리에서 난 꽃줄기에 두상화가 1~3개씩 달
리며, 노란색이다. 두상화는 지름이 2.0~2.5
cm이다. 열매는 수과이며, 좁은 방추형이다.

1	2	3	4	5	6	7	8	9	10	11	12

1996. 7. 8. 설악산

산솜다리 | 국화과

Leontopodium leiolepis Nakai

전체에 흰 솜털이 덮여 있다. 줄기는 모여
나며, 높이는 7~22cm이다. 줄기잎은 어긋
나며, 넓은 선형 또는 피침형, 끝에 뾰족한
돌기가 있다. 꽃이 피지 않는 줄기의 잎은 도
피침형이다. 꽃은 줄기 끝에서 두상화가 여러
개 모여 다시 두상 꽃차례처럼 되며, 연한 노
란색이다. 열매는 수과이며, 긴 타원형이고,
씨의 관모는 희다.

◆ 분포 / 설악산 및 북부 지방
◆ 생육지 / 높은 산의 바위 지대
◆ 출현 빈도 / 매우 드묾
◆ 생활형 / 여러해살이풀
◆ 개화기 / 5월 하순~7월
  초순
◆ 결실기 / 7~9월
◆ 참고 / 멸종 위기를 맞고 있는
  우리 나라 특산 식물이다.

| 1 | 2 | 3 | 4 | 5 | 6 | 7 | 8 | 9 | 10 | 11 | 12 |

2003. 6. 16. 제주도

◆ 분포 / 제주도 및 남해안 섬
◆ 생육지 / 양지바른 풀밭
◆ 출현 빈도 / 매우 드묾
◆ 생활형 / 여러해살이풀
◆ 개화기 / 6월 중순~7월 하순
◆ 결실기 / 8~9월
◆ 참고 / 우리 나라 특산 식물로서 제주도, 거제도, 국도, 가덕도 등지에 분포한다.

갯취 | 국화과

Ligularia taquetii (H. Lév. et Vaniot) Nakai

줄기는 곧추서며, 가지가 갈라지지 않고, 높이는 80~150cm이다. 뿌리잎은 넓은 타원형이며, 길이는 15~25cm이고, 가장자리가 밋밋하다. 줄기잎은 어긋나며, 작고, 밑이 줄기를 감싼다. 잎과 줄기는 꽃이 핀 뒤에 문드러져 없어진다. 꽃은 줄기 끝에 두상화가 총상꽃차례로 달리며, 노란색이다. 총포는 원통 모양이다. 열매는 수과이며, 원뿔 모양이다.

| 1 | 2 | 3 | 4 | 5 | 6 | 7 | 8 | 9 | 10 | 11 | 12 |

1997. 6. 1. 강원도 영월

뻐꾹채 | 국화과

Rhaponticum uniflorum (L.) DC.

뿌리줄기는 밑으로 곧게 뻗는다. 줄기는 곧추서며, 높이는 30~70cm이다. 잎은 깃꼴로 깊게 갈라지는 홑잎이며, 갈래가 6~8쌍이다. 뿌리잎은 밑이 날개 모양으로 넓어져 잎자루까지 이어진다. 줄기잎은 어긋나며, 위로 갈수록 작고, 잎자루가 없어진다. 꽃은 줄기 끝에 두상꽃차례로 피며, 붉은 보라색이다. 두상화는 모두 관상화이다. 열매는 수과이다.

◆ 분포 / 중부 이북
◆ 생육지 / 산과 들의 건조한 곳
◆ 출현 빈도 / 비교적 드묾
◆ 생활형 / 여러해살이풀
◆ 개화기 / 5월 중순~8월 초순
◆ 결실기 / 8~9월
◆ 참고 / 석회암 지대에서 흔히 자란다. 꽃이 아름다운 원예 자원이다.

| 1 | 2 | 3 | 4 | 5 | 6 | 7 | 8 | 9 | 10 | 11 | 12 |

2002. 8. 2. 강원도 금대봉

◆ 분포 / 제주도, 경기도 이북
◆ 생육지 / 높은 산의 풀밭
◆ 출현 빈도 / 비교적 드묾
◆ 생활형 / 여러해살이풀
◆ 개화기 / 7월 하순~9월
  중순
◆ 결실기 / 9~10월
◆ 참고 / 북방계 고산 식물이
  며, 한라산, 유명산, 설악산
  등지에 분포한다.

산솜방망이 | 국화과

Senecio flammeus Turcz. ex DC.

줄기는 곧추서며, 잔털과 거미줄 같은 털로 덮이고, 높이는 15~30cm이다. 뿌리잎은 긴 타원형이다. 줄기잎은 어긋나며, 밑이 줄기를 감싼다. 아래쪽의 잎은 피침상 타원형이고, 가장자리에 불규칙한 톱니가 있다. 꽃은 줄기 끝에 두상화 2~10개가 우산살 모양으로 달리며, 붉은빛이 도는 노란색이다. 열매는 수과이며, 긴 타원형이고, 관모는 희다.

1	2	3	4	5	6	7	8	9	10	11	12

1996. 6. 7. 설악산

국화방망이 | 국화과

Senecio koreanus Kom.

줄기는 곧추서며, 자줏빛이 돌고, 높이는 50~100cm이다. 뿌리잎은 여러 장이 모여나며, 난상 삼각형, 잎자루가 길고, 가장자리에 불규칙한 톱니가 있다. 줄기잎은 어긋나며, 잎자루가 짧거나 없다. 꽃은 두상 꽃차례가 여러 개 모여 겹산방 꽃차례로 달리며, 노란색이다. 열매는 수과이며, 원추형이고, 관모는 희다.

| 1 | 2 | 3 | 4 | 5 | 6 | 7 | 8 | 9 | 10 | 11 | 12 |

◆ 분포 / 중부 이북
◆ 생육지 / 높은 산의 계곡 부근
◆ 출현 빈도 / 매우 드묾
◆ 생활형 / 여러해살이풀
◆ 개화기 / 5월 하순~7월 중순
◆ 결실기 / 9~10월
◆ 참고 / 우리 나라의 북부 지방을 거쳐 중국에도 분포한다. 남한에서는 소백산, 설악산 등지에서 매우 드물게 자란다.

1995. 8. 10. 제주도

◆ 분포 / 제주도 및 관매도

◆ 생육지 / 바닷가 모래땅

◆ 출현 빈도 / 비교적 드묾

◆ 생활형 / 여러해살이풀

◆ 개화기 / 6월 중순~9월
초순

◆ 결실기 / 8~10월

◆ 참고 / 남방계 식물로서 제
주도에만 분포하는 것으로
알려져 왔지만, 관매도 바
닷가에서도 발견되었다.

갯금불초 | 국화과

Wedelia prostrata (Hook. et Arn.) Hemsl.

줄기는 땅 위를 기고, 마디에서 뿌리가 내
린다. 잎은 마주나며, 두껍고, 긴 타원형, 가
장자리에 톱니가 있다. 잎 앞면은 윤기가 있
으며, 양 면에 짧고 거친 털이 난다. 꽃은 줄
기와 가지 끝에 두상화가 1개씩 달리며, 노란
색이다. 총포는 반구형이며, 총포 조각은 난
형이고, 1줄로 붙는다. 설상화는 끝이 2~3갈
래로 갈라진다. 열매는 수과이다.

1	2	3	4	5	6	7	8	9	10	11	12

1997. 6. 10. 경상북도 울릉도

넓은잎산마늘 | 백합과

Allium victorialis L. var. *platyphyllum*
(Hulten) Makino

　뿌리줄기는 길이 4~7cm, 겉이 그물눈 같은 갈색 섬유로 덮여 있다. 잎은 2~3장이 줄기 밑동에 붙고, 흰빛이 도는 녹색, 긴 타원형, 길이 20~30cm, 너비 3~10cm이다. 잎 밑은 좁아지면서 꽃줄기를 감싸고, 가장자리가 밋밋하다. 꽃은 꽃줄기 끝에 둥근 산형 꽃차례로 달린다. 화피는 6장이고 흰색이다. 열매는 삭과이며, 검은 씨가 들어 있다.

◆ 분포 / 울릉도
◆ 생육지 / 숲 속
◆ 출현 빈도 / 흔함
◆ 생활형 / 여러해살이풀
◆ 개화기 / 5월 중순~7월 중순
◆ 결실기 / 7~10월
◆ 참고 / 전체에서 마늘 냄새가 강하게 나며, 잎은 먹을 수 있다. 기본종 '산마늘'은 내륙 고산에서 자라며, 잎이 작다.

| 1 | 2 | 3 | 4 | 5 | 6 | 7 | 8 | 9 | 10 | 11 | 12 |

1992. 8. 6. 한라산

백합목 (Liliiflorae)

◆ 분포 / 남부 지방
◆ 생육지 / 숲 속
◆ 출현 빈도 / 비교적 드묾
◆ 생활형 / 여러해살이풀
◆ 개화기 / 7월 중순~8월
   하순
◆ 결실기 / 9~10월
◆ 참고 / 잎과 꽃이 작으므로
   이 같은 이름이 붙여졌다.

좀비비추 | 백합과

Hosta minor (Baker) Nakai

땅속줄기는 짧고, 끈 모양의 수염뿌리가 많다. 잎은 뿌리에서 모여나며, 넓은 난형이고, 길이는 8~10cm이다. 잎자루는 길다. 꽃은 꽃줄기에 총상 꽃차례로 달리며, 연한 자주색 또는 드물게 흰색이다. 꽃줄기는 잎보다 높고 세로 능선이 뚜렷하다. 화관은 종 모양이고, 길이는 4~5cm이며, 6갈래로 갈라지는데, 갈래는 넓게 벌어진다. 열매는 삭과이다.

1	2	3	4	5	6	7	8	9	10	11	12

241

백합목 (Liliiflorae)

1996. 8. 6. 설악산

솔나리 | 백합과

Lilium cernum Kom.

비늘줄기는 희며, 긴 난형이고, 조각이 촘촘히 붙는다. 줄기는 곧추서며, 털이 없고, 높이는 30~80cm이다. 잎은 주로 줄기 가운데 부분에 촘촘히 어긋나며, 가는 선형이고, 털이 없다. 잎자루는 없다. 꽃은 줄기 끝에 1~6개씩 옆이나 밑을 향해 달리며, 분홍색 또는 붉은 보라색, 드물게 흰색이다. 화피는 6장이고, 뒤로 젖혀진다. 열매는 삭과이다.

◆ 분포 / 남덕유산 이북
◆ 생육지 / 높은 산의 숲 속 또는 능선
◆ 출현 빈도 / 드묾
◆ 생활형 / 여러해살이풀
◆ 개화기 / 6월 중순~8월 초순
◆ 결실기 / 8~10월
◆ 참고 / 잎이 가늘어서 솔잎 같으므로 이 같은 이름이 붙여졌다. 멸종 위기를 맞고 있다.

| 1 | 2 | 3 | 4 | 5 | 6 | 7 | 8 | 9 | 10 | 11 | 12 |

1997. 6. 18. 지리산

◆ 분포 / 제주도를 제외한 전국
◆ 생육지 / 숲 속 또는 들판
◆ 출현 빈도 / 비교적 흔함
◆ 생활형 / 여러해살이풀
◆ 개화기 / 6월 중순~7월 하순
◆ 결실기 / 8~9월
◆ 참고 / '하늘말나리'와는 달리, 돌려나는 잎이 전혀 없으므로 구분할 수 있다.

하늘나리 | 백합과

Lilium concolor Salisb.

비늘줄기는 난형이다. 줄기는 가늘고 곧추서며, 높이는 30~80cm이다. 잎은 어긋나며, 돌려나지 않고, 선형, 가장자리에 잔 돌기가 있다. 잎자루는 없다. 꽃은 줄기 끝에 1~5개씩 위를 향해 달리고, 보통 짙은 붉은색이지만 변이가 있다. 화피는 6장이며, 피침형이고, 뒤로 젖혀진다. 열매는 삭과이며, 긴 난형, 3갈래로 갈라진다.

| 1 | 2 | 3 | 4 | 5 | 6 | 7 | 8 | 9 | 10 | 11 | 12 |

1996. 7. 1. 백두산

날개하늘나리 | 백합과

Lilium dauricum Ker-Gawl.

비늘줄기는 흰색이고 둥글며, 비늘 조각 가운데 부분에 마디가 있다. 줄기는 조금 굵고, 좁은 날개가 있으며, 높이는 50~150cm이다. 잎은 어긋나며, 피침형, 잎줄이 3~5개 있다. 잎자루는 없다. 꽃은 줄기 끝에 1~5개씩 위를 향해 달리며, 노란빛이 조금 도는 짙은 붉은색이다. 화피는 6장이며, 안쪽에 자주색 반점이 있다. 열매는 삭과이며, 좁은 도란형이다.

◆ 분포 / 덕유산 이북
◆ 생육지 / 숲 속
◆ 출현 빈도 / 매우 드묾
◆ 생활형 / 여러해살이풀
◆ 개화기 / 6월 초순~7월 하순
◆ 결실기 / 7~9월
◆ 참고 / 북방계 식물로서 남한에서는 덕유산과 태백산에서 발견된 적이 있지만 멸종 위기를 맞고 있다.

1	2	3	4	5	6	7	8	9	10	11	12

1996. 7. 28. 강원도 가리봉

◆ 분포 / 전국
◆ 생육지 / 높은 산의 숲 속
◆ 출현 빈도 / 비교적 흔함
◆ 생활형 / 여러해살이풀
◆ 개화기 / 6월 하순~8월
　중순
◆ 결실기 / 8~10월
◆ 참고 / '하늘말나리'와 비슷
　하지만 꽃이 위를 향해 피
　지 않으므로 구분된다.

말나리 | 백합과

Lilium distichum Nakai ex Kamib.

비늘줄기는 성기게 붙고, 조각에 보통 마디가 있다. 줄기는 높이 60~100cm이다. 잎은 5~15장이 돌려나며, 넓은 피침형이다. 잎자루는 없다. 꽃은 줄기 끝에 1~8개가 조금 밑을 향해 달리며, 노란빛이 도는 붉은색이고, 향기가 있다. 화피는 6장이며, 아래쪽 2장의 화피 사이가 다른 화피들 사이보다 더 벌어지기도 한다. 열매는 삭과이다.

1	2	3	4	5	6	7	8	9	10	11	12

1997. 6. 10. 경상북도 울릉도

섬말나리 | 백합과

Lilium hansonii Leichtlin

비늘줄기는 난형 또는 둥근 모양이며, 비늘 조각이 성기게 붙고, 땅 위로 나온 부분은 붉은 빛이 난다. 줄기는 곧추서며, 높이는 70~ 150cm이다. 잎은 줄기에 1~3층으로 6~10장씩 돌려난다. 꽃은 줄기 끝에서 4~12개가 밑을 향해 달리며, 붉은빛이 도는 노란색이고, 향기가 있다. 화피는 6장이며, 안쪽에 검붉은 반점이 있고, 뒤로 젖혀진다. 열매는 삭과이다.

◆ 분포 / 울릉도
◆ 생육지 / 숲 속
◆ 출현 빈도 / 비교적 흔함
◆ 생활형 / 여러해살이풀
◆ 개화기 / 5월 하순~7월 중순
◆ 결실기 / 7~9월
◆ 참고 / 우리 나라 특산 식물이다.

| 1 | 2 | 3 | 4 | 5 | 6 | 7 | 8 | 9 | 10 | 11 | 12 |

1995. 8. 9. 충청북도 월악산

◆ 분포 / 전국
◆ 생육지 / 숲 가장자리 또는 들판
◆ 출현 빈도 / 흔함
◆ 생활형 / 여러해살이풀
◆ 개화기 / 7월 중순~8월 하순
◆ 결실기 / 9~10월
◆ 참고 / 잎겨드랑이에 달려 있는 육아가 땅에 떨어지면 새싹이 난다.

참나리 | 백합과

Lilium lancifolium Thunb.

비늘줄기는 흰색이고 둥근 모양이다. 줄기는 기둥 모양이며 붉은 갈색을 띠고, 높이는 1~2m이다. 잎은 어긋나며, 촘촘히 붙고, 피침형, 짙은 녹색이다. 잎겨드랑이에 둥근 육아(肉芽)가 달린다. 잎자루는 없다. 꽃은 줄기 끝에 4~20개가 달리며, 노란빛이 조금 도는 붉은색이고, 향기는 없다. 화피는 피침형, 뒤로 젖혀지고, 검붉은 반점이 많다. 열매는 삭과이다.

| 1 | 2 | 3 | 4 | 5 | 6 | 7 | 8 | 9 | 10 | 11 | 12 |

1995. 8. 27. 제주도

맥문동 | 백합과

Liriope muscari (Decne.) L.H. Bailey

　뿌리줄기는 짧고 굵다. 수염뿌리 끝에 덩이뿌리가 생긴다. 기는줄기는 없다. 잎은 뿌리에서 모여나며, 진한 녹색이고, 선형으로 끝이 뾰족하고, 끝부분이 아래로 처진다. 잎 앞면은 윤기가 나며, 잎줄이 11~15개 있다. 꽃은 잎 사이에서 난 꽃줄기 위쪽에 총상 꽃차례로 달리며 연분홍색이다. 화피는 6장이고 난형이다. 열매는 장과이며, 둥글고, 검게 익는다.

◆ 분포 / 중부 이남
◆ 생육지 / 숲 속
◆ 출현 빈도 / 흔함
◆ 생활형 / 늘푸른여러해살이풀
◆ 개화기 / 5월 하순~8월 하순
◆ 결실기 / 8~10월
◆ 참고 / 금강산 이남에 분포한다. 뿌리는 한약재로 사용한다.

| 1 | 2 | 3 | 4 | 5 | 6 | 7 | 8 | 9 | 10 | 11 | 12 |

1998. 5. 14. 충청북도 단양

◆ 분포 / 북부 지방
◆ 생육지 / 숲 가장자리 또는 들판
◆ 출현 빈도 / 드묾
◆ 생활형 / 여러해살이풀
◆ 개화기 / 5월 중순~6월 하순
◆ 결실기 / 7~9월
◆ 참고 / 남한에서는 자생지가 알려져 있지 않으며, 한약재로 사용하기 위해 재배한다.

갈고리층층둥굴레 | 백합과

Polygonatum sibiricum Redouté

줄기는 곧추서며 둥글고, 높이는 40~150 cm이다. 잎은 밑에서는 어긋나지만 중간 부분 위쪽에서는 3~8장이 층층이 돌려나며, 선상 피침형이고, 끝이 둥글게 말린다. 꽃은 잎겨드랑이에서 난 4~6개의 꽃대에 각각 2~3개씩 달리며, 밑을 향하고, 흰색이다. 꽃은 통 모양이며, 끝이 얕게 갈라진다. 열매는 장과이며, 검게 익는다.

1	2	3	4	5	6	7	8	9	10	11	12

1998. 6. 15. 강원도 정선

층층둥굴레 | 백합과

Polygonatum stenophyllum Maxim.

뿌리줄기는 가늘고 길며 흰색이다. 줄기는 곧추서며, 높이는 40~90cm이다. 잎은 아래쪽에서는 어긋나지만 위로 가면서 4~6장이 층을 이루어 돌려나며, 좁은 선형이다. 꽃은 잎겨드랑이에 난 여러 개의 꽃대에 각각 2개씩 피며, 흰색이다. 꽃대는 매우 짧고 꽃자루도 짧다. 화관은 통 모양이다. 열매는 장과이며, 둥글고, 검게 익는다.

1	2	3	4	5	6	7	8	9	10	11	12

◆ 분포 / 중부 이북
◆ 생육지 / 계곡 또는 강가의 모래땅
◆ 출현 빈도 / 매우 드묾
◆ 생활형 / 여러해살이풀
◆ 개화기 / 5월 중순~6월 하순
◆ 결실기 / 8~9월
◆ 참고 / 파주, 동강, 강릉, 춘천 등지에서 자란다. 잎 끝이 말리지 않고, 꽃대가 매우 짧으므로 '갈고리층층둥굴레'와 구분된다.

1996. 6. 9. 설악산

◆ 분포 / 지리산 이북
◆ 생육지 / 높은 산의 숲 속
◆ 출현 빈도 / 매우 드묾
◆ 생활형 / 여러해살이풀
◆ 개화기 / 5월 하순~6월 하순
◆ 결실기 / 8~10월
◆ 참고 / 우리 나라 특산 식물이다. 꽃은 처음에 필 때에는 노란빛이 도는 녹색이지만 자주색으로 변한다.

자주솜대 (자주지장보살) | 백합과

Smilacina bicolor Nakai

전체에 털이 거의 없다. 뿌리줄기는 굵고 옆으로 뻗는다. 줄기는 비스듬히 서거나 곧추서며, 높이는 30~45cm이다. 잎은 5~9장이 2줄로 어긋나며, 넓은 타원형이다. 잎자루는 짧다. 꽃은 줄기 끝에 총상 꽃차례로 달린다. 꽃차례는 길이 4~5cm이고, 밑에서 가지가 갈라지기도 한다. 열매는 장과이며, 둥글고, 붉게 익는다.

| 1 | 2 | 3 | 4 | 5 | 6 | 7 | 8 | 9 | 10 | 11 | 12 |

1992. 7. 14. 한라산

박새 | 백합과

Veratrum grandiflorum (Maxim. ex Baker) O. Loes.

줄기는 곧추서며, 원기둥 모양이고, 높이 1.0~1.5m이다. 잎은 어긋나게 촘촘히 달리며, 밑이 줄기를 감싸고, 길이는 20~30cm, 넓은 타원형으로 가장자리가 밋밋하다. 꽃은 줄기 끝에 원추형 겹산방 꽃차례로 많이 달리며, 노란빛이 도는 흰색이다. 포는 긴 타원형이다. 화피는 6장이고, 난형이다. 열매는 삭과이며, 난상 타원형이다.

◆ 분포 / 전국
◆ 생육지 / 높은 산의 숲 속
◆ 출현 빈도 / 비교적 흔함
◆ 생활형 / 여러해살이풀
◆ 개화기 / 6월 하순~8월 중순
◆ 결실기 / 8~10월
◆ 참고 / 독이 강한 식물이다. 눈을 뚫고 올라오는 튼튼한 새싹이 보기 좋다.

| 1 | 2 | 3 | 4 | 5 | 6 | 7 | 8 | 9 | 10 | 11 | 12 |

백합목 (Liliiflorae)

1993. 8. 5. 강원도 태백산

◆ 분포 / 전국
◆ 생육지 / 숲 속 또는 풀밭
◆ 출현 빈도 / 비교적 흔함
◆ 생활형 / 여러해살이풀
◆ 개화기 / 7월 초순~8월 하순
◆ 결실기 / 9~10월
◆ 참고 / 독이 강한 식물이다. 뿌리는 한약재로 사용한다.

여로 | 백합과

Veratrum maackii Regel var. *japonicum* (Baker) T. Shimizu

줄기와 꽃차례에 돌기 모양의 털이 난다. 줄기는 곧추서며, 높이는 40~100cm이다. 잎은 줄기 밑부분에 어긋나며, 좁은 피침형이고, 끝이 뾰족하다. 꽃은 줄기 끝에 총상 원추 꽃차례로 달리며, 자줏빛이 도는 갈색이다. 화피는 6장이고, 긴 타원형이다. 수술은 6개이며, 화피 길이의 반쯤이다. 암술머리는 3갈래이다. 열매는 삭과이며, 타원형이다.

| 1 | 2 | 3 | 4 | 5 | 6 | 7 | 8 | 9 | 10 | 11 | 12 |

1995. 8. 27. 제주도

문주란 | 수선화과

Crinum asiaticum L. var. *japonicum* Baker

뿌리줄기는 둥근 기둥 모양이며, 길이는 30 ~50cm이고, 지름은 3~5cm, 흰색이다. 잎은 두껍고 윤기가 있으며, 넓은 띠 모양이고, 길 이는 30~70cm, 가장자리가 밋밋하다. 꽃은 잎 사이에 난 꽃줄기에 산형 꽃차례로 달리며, 흰색이고, 향기가 좋다. 포는 2장이다. 화피는 6장이고, 아래쪽이 통 모양이다. 수술은 6개 이다. 열매는 삭과이며, 둥글다. 씨는 흰빛이 돈다.

◆ 분포 / 제주도 토끼섬
◆ 생육지 / 바닷가 모래땅
◆ 출현 빈도 / 드묾
◆ 생활형 / 늘푸른여러해살이풀
◆ 개화기 / 6월 중순~9월 초순
◆ 결실기 / 9~11월
◆ 참고 / 관상 가치가 높은 식 물이다. 씨는 해면질로 싸 여 있어 물 위에 뜬다.

| 1 | 2 | 3 | 4 | 5 | 6 | 7 | 8 | 9 | 10 | 11 | 12 |

2003. 7. 26. 전라북도 선운산

◆ 분포 / 전라남도, 전라북도
◆ 생육지 / 숲 속
◆ 출현 빈도 / 매우 드묾
◆ 생활형 / 여러해살이풀
◆ 개화기 / 7월 하순~8월 초순
◆ 결실기 / 9~10월
◆ 참고 / 우리 나라 특산 식물 이다. 백암산, 내장산, 불갑 산, 선운산 등지에서 드물 게 자란다.

진노랑상사화 | 수선화과

Lycoris chinensis Traub var. *sinuolata*
K.H. Tae et S.C. Ko

비늘줄기는 땅 속에 묻혀 있어 목이 길며, 난형이다. 잎은 녹색이며, 2~3월에 4~8장이 나오고, 넓은 선형이다. 꽃줄기는 잎이 스러 진 뒤 8월 초순에 나오며, 곧추서고, 길이 40 ~70cm, 녹색이다. 꽃은 꽃줄기 끝에 4~7개 가 달리며, 짙은 노란색이다. 화피는 가장자 리가 주름지며, 끝이 뒤로 젖혀진다. 열매는 삭과이며, 검은색 씨가 들어 있다.

1	2	3	4	5	6	7	8	9	10	11	12

1993. 7. 7. 제주도

범부채 | 붓꽃과

Belamcanda chinensis (L.) Redouté

줄기는 곧추서며, 가지가 갈라지고, 높이는 80~150cm이다. 잎은 2줄로 마주나서 부챗살처럼 배열되며, 흰빛이 도는 녹색이고 칼 모양이다. 꽃은 가지 끝에서 2~3개씩 나와 취산 꽃차례를 이루며, 노란빛이 도는 붉은색이고, 지름이 5~6cm이다. 화피는 6장으로 같은 모양이며, 긴 타원형이고, 안쪽에 붉은 반점이 많다. 암술대는 끝이 3갈래로 갈라진다. 열매는 삭과이며, 난형이다.

◆ 분포 / 전국
◆ 생육지 / 숲 가장자리 또는 들판
◆ 출현 빈도 / 비교적 드묾
◆ 생활형 / 여러해살이풀
◆ 개화기 / 6월 중순~7월 하순
◆ 결실기 / 9~10월
◆ 참고 / 꽃이 아름다워 재배하기도 하며, 뿌리줄기는 한약재로 사용한다.

| 1 | 2 | 3 | 4 | 5 | 6 | 7 | 8 | 9 | 10 | 11 | 12 |

256

1997. 6. 29. 충청남도 공주

백합목 (Liliiflorae)

◆ 분포 / 전국
◆ 생육지 / 숲 속 또는 들판
◆ 출현 빈도 / 비교적 흔함
◆ 생활형 / 여러해살이풀
◆ 개화기 / 6월 초순~7월
  하순
◆ 결실기 / 8~9월
◆ 참고 / 꽃이 크고 아름다운
  원예 자원이다. '붓꽃'에
  비해 꽃이 조금 늦게 피며
  더 붉은빛이 돈다.

꽃창포 | 붓꽃과

Iris ensata Thunb. var. *spontanea*
(Makino) Nakai

뿌리줄기는 옆으로 뻗고, 갈라지며, 갈색의 섬유로 덮여 있다. 줄기는 가지가 갈라지지 않으며, 높이는 40~100cm이다. 잎은 2줄로 늘어서며, 칼 모양이고, 가장자리가 밋밋하다. 꽃은 꽃줄기 끝에 2~4개씩 달리며, 붉은 보라색이고, 지름은 10cm쯤이다. 외화피는 3장으로 아래쪽에 노란 무늬가 있고, 끝이 아래로 처지며, 내화피는 곧추선다. 열매는 삭과이다.

1	2	3	4	5	6	7	8	9	10	11	12

1996. 7. 11. 설악산

난쟁이붓꽃 | 붓꽃과

Iris uniflora Pall. ex Link

뿌리줄기는 옆으로 뻗고, 가늘다. 줄기는 높이 5~8cm이고, 밑에 묵은 잎이 남아 있다. 잎은 좁은 선형이며, 꽃이 진 다음 더 자란다. 꽃은 줄기 끝에 1개씩 달리며, 연보라 색이다. 포엽은 2장, 넓은 피침형, 노란빛 또는 자줏빛이 도는 녹색이다. 외화피는 아래쪽에 흰색 무늬가 있다. 내화피는 곧추서며, 피침형이다. 열매는 삭과이다.

◆ 분포 / 강원도 이북
◆ 생육지 / 높은 산의 능선
◆ 출현 빈도 / 드묾
◆ 생활형 / 여러해살이풀
◆ 개화기 / 5월 중순~7월 초순
◆ 결실기 / 7~9월
◆ 참고 / 북방계 식물로서 남한에서는 설악산 높은 능선에서 드물게 자란다. 멸종 위기를 맞고 있다.

1	2	3	4	5	6	7	8	9	10	11	12

창포 | 천남성과

Acorus calamus L. var.
angustatus Besser

뿌리줄기는 굵고, 옆으로 뻗으며, 마디가 많다. 잎은 뿌리줄기에서 모여나며, 선형이고, 끝이 뾰족하다. 꽃줄기는 가는 삼각기둥 모양이고, 높이는 30cm쯤이다. 포엽은 위로 곧추서서 포엽 겨드랑이에서 꽃차례가 나온 것처럼 보인다. 꽃은 육수 꽃차례로 많이 달리며, 녹색이 도는 노란색이다. 화피는 6장이다. 꽃밥은 노란색이다. 열매는 장과이다.

1	2	3	4	5	6
7	8	9	10	11	12

◆ 분포 / 전국
◆ 생육지 / 연못가 등 습지
◆ 출현 빈도 / 드묾
◆ 생활형 / 여러해살이풀
◆ 개화기 / 5월 중순~6월 하순
◆ 결실기 / 7~9월
◆ 참고 / 단옷날에 창포 잎과 줄기를 삶은 물에 머리를 감는 풍습이 있다. 식물 전체에서 향기가 난다.

1997. 6. 17. 지리산

꽃   1996. 4. 11. 설악산

애기앉은부채 | 천남성과

Symplocarpus nipponicus Makino

뿌리줄기는 짧고 굵다. 잎은 뿌리에서 여
러 장이 모여나고, 심장형 또는 난형이며, 길
이는 10~20cm, 가장자리가 밋밋하다. 잎자
루는 길다. 꽃은 잎이 스러진 뒤에 자주색 불
염포가 있는 육수 꽃차례에 달린다. 꽃차례
는 불염포 안에 있으며, 짧은 자루가 있다.
열매는 장과이며, 이듬해 꽃이 필 때 완전히
익는다.

◆ 분포 / 전라북도 이북
◆ 생육지 / 습기 많은 숲 속
◆ 출현 빈도 / 비교적 드묾
◆ 생활형 / 여러해살이풀
◆ 개화기 / 7월 중순~8월
하순
◆ 결실기 / 7~9월
◆ 참고 / 잎은 눈 속에서 일찍
피며, 열매는 2년에 걸쳐
성숙한다. '앉은부채'에 비
해 분포 범위가 더 넓다.

| 1 | 2 | 3 | 4 | 5 | 6 | 7 | 8 | 9 | 10 | 11 | 12 |

1990. 8. 10. 한라산

- ◆ 분포 / 흑산도, 진도, 제주도
- ◆ 생육지 / 섬 지방의 숲 속
- ◆ 출현 빈도 / 매우 드묾
- ◆ 생활형 / 늘푸른여러해살이풀
- ◆ 개화기 / 8월 초순~9월 초순
- ◆ 결실기 / 9~11월
- ◆ 참고 / 꽃이 아름다운 원예 자원이다. 무분별한 채취 때문에 멸종 위기를 맞고 있다.

여름새우난초 | 난초과

Calanthe reflexa Maxim.

짧은 뿌리줄기 밑에서 많은 수염뿌리가 난다. 위구경(僞球莖)은 난형이고 서로 연결된다. 잎은 3~5장이 뿌리 근처에서 나와 이듬해 봄에 시들며, 타원형이다. 꽃은 잎 사이에서 난 꽃줄기 위쪽에 총상 꽃차례를 이루어 10~20개씩 달리며, 연보라색이다. 꽃받침은 꽃잎 같다. 입술꽃잎은 3갈래로 갈라진다. 열매는 삭과이다.

| 1 | 2 | 3 | 4 | 5 | 6 | 7 | 8 | 9 | 10 | 11 | 12 |

1995. 6. 4. 경기도 천마산

은대난초 | 난초과

Cephalanthera longibracteata Blume

수염뿌리가 발달한다. 줄기는 곧추서며 높이는 30~40cm이고, 위쪽에 털이 난다. 잎은 3~8장이 어긋나며, 넓은 피침형이고, 밑이 줄기를 감싼다. 잎자루는 없다. 꽃은 줄기 끝에 총상 꽃차례로 5~10개가 달리며, 흰색이고, 벌어지지 않는다. 꽃받침잎은 3장이며, 꽃잎 같다. 꽃잎은 꽃받침보다 짧다. 열매는 삭과이며, 길쭉하다.

◆ 분포 / 전국
◆ 생육지 / 숲 속
◆ 출현 빈도 / 흔함
◆ 생활형 / 여러해살이풀
◆ 개화기 / 5월 중순~6월 하순
◆ 결실기 / 9~10월
◆ 참고 / 포엽이 길게 발달하므로 '은난초'와 구분된다. 옮겨 심으면 잘 살지 못한다.

| 1 | 2 | 3 | 4 | 5 | 6 | 7 | 8 | 9 | 10 | 11 | 12 |

1994. 6. 3. 전라북도 내장산

◆ 분포 / 내장산 이남

◆ 생육지 / 숲 속

◆ 출현 빈도 / 드묾

◆ 생활형 / 늘푸른여러해살이풀

◆ 개화기 / 5월 하순~6월
하순

◆ 결실기 / 8~10월

◆ 참고 / 꽃은 활짝 벌어지지
않으며, 꽃이 필 때는 대부
분 잎이 달려 있지 않다.

약난초 | 난초과

Cremastra appendiculata (D. Don) Makino

위구경(僞球莖)은 난상 구형이며, 염주 모
양으로 연결된다. 줄기는 곧추서며, 높이는
30~50cm이다. 잎은 1~2장이고, 길이는
20~40cm이며, 이듬해 꽃이 필 때쯤 마른
다. 꽃은 줄기 끝에 총상 꽃차례로 10~20개
가 한쪽으로 치우쳐 달리며, 밑을 향하고, 자
줏빛이 도는 갈색이다. 꽃받침잎과 곁꽃잎은
선상 피침형이다. 열매는 삭과이다.

1	2	3	4	5	6	7	8	9	10	11	12

외떡잎식물 (Microspermae)

263

2001. 7. 20. 경상남도 거제도

미종자목 (Microspermae)

대흥란 | 난초과

Cymbidium nipponicum (Franch. et Sav.) Makino

　뿌리줄기는 길이가 15cm쯤이다. 줄기는 곧추서며, 높이는 10~30cm이고, 짧은 털이 약간 있다. 잎은 막질의 비늘잎이 마디에 드문드문 달린다. 꽃은 줄기 위쪽에 2~6개씩 드문드문 달리며, 흰색 바탕에 붉은 자주색이 돈다. 포엽은 끝이 뾰족하다. 꽃받침은 도란형이다. 입술꽃잎은 쐐기 모양이다. 열매는 삭과이며, 위를 향해 달린다.

◆ 분포 / 남부 지방
◆ 생육지 / 부식질이 많은 숲 속
◆ 출현 빈도 / 드묾
◆ 생활형 / 여러해살이 부생 식물
◆ 개화기 / 7월 초순~8월 중순
◆ 결실기 / 9~11월
◆ 참고 / 동해안을 따라 삼척까지 올라와 자라기도 한다. 열매가 성숙할 때에는 열매와 줄기가 녹색으로 변한다.

| 1 | 2 | 3 | 4 | 5 | 6 | 7 | 8 | 9 | 10 | 11 | 12 |

1997. 7. 10. 백두산

◆ 분포 / 북부 지방
◆ 생육지 / 높은 산의 숲 속
　또는 풀밭
◆ 출현 빈도 / 매우 드묾
◆ 생활형 / 여러해살이풀
◆ 개화기 / 5월 하순~7월
　중순
◆ 결실기 / 9~10월
◆ 참고 / 북방계 식물로서 남
　한에서는 함백산, 설악산
　등지에서 매우 드물게 자란
　다. 멸종 위기를 맞고 있다.

털개불알꽃 (털복주머니란) | 난초과

Cypripedium guttatum Sw. var.
koreanum Nakai

전체에 털이 많다. 뿌리줄기는 옆으로 뻗
고, 줄기는 곧추서며, 높이 15~30cm이다. 잎
은 2장이 서로 가까이 어긋나며, 타원형이다.
꽃은 줄기 끝에서 1개씩 밑을 향해 피며 흰색
바탕에 붉은 보라색 반점이 있다. 포엽은 곧추
서며, 위꽃받침잎은 꽃잎 같고, 타원상 난형이
다. 입술꽃잎은 주머니 모양이고, 붉은 보라색
의 큰 반점이 있다. 열매는 삭과이다.

| 1 | 2 | 3 | 4 | 5 | 6 | 7 | 8 | 9 | 10 | 11 | 12 |

2003. 7. 13. 강원도 영월

청닭의난초 | 난초과

Epipactis papillosa Franch. et Sav.

뿌리줄기는 짧다. 줄기는 곧추서며, 갈색 잔털이 있고, 높이는 40~70cm이다. 잎은 어긋나며, 5~7장, 넓은 타원형, 가장자리와 잎줄 위에 털 같은 돌기가 난다. 꽃은 줄기 끝에 총상 꽃차례로 20~30개씩 달리며, 연한 녹색이고, 활짝 벌어지지 않는다. 포엽은 잎 모양이다. 꽃받침은 긴 난형이고 꽃잎 같다. 열매는 삭과이며, 타원형이고, 밑을 향해 달린다.

◆ 분포 / 단양 이북
◆ 생육지 / 숲 속
◆ 출현 빈도 / 매우 드묾
◆ 생활형 / 여러해살이풀
◆ 개화기 / 7월 초순~8월 초순
◆ 결실기 / 9~11월
◆ 참고 / 북방계 식물로서 남한에서는 석회암 지대에서 발견된다.

| 1 | 2 | 3 | 4 | 5 | 6 | 7 | 8 | 9 | 10 | 11 | 12 |

1997. 6. 29. 충청남도 공주

◆ 분포 / 중부 이남
◆ 생육지 / 습기가 많은 풀밭
◆ 출현 빈도 / 비교적 드묾
◆ 생활형 / 여러해살이풀
◆ 개화기 / 6월 초순~7월 하순
◆ 결실기 / 9~11월
◆ 참고 / 주로 남부 지방에서 발견되며, 꽃이 아름다운 원예 자원이다.

닭의난초 | 난초과

Epipactis thunbergii A. Gray

뿌리줄기는 길게 뻗는다. 줄기는 곧추서며, 높이는 30~70cm이고, 아래쪽이 보라색을 띤다. 잎은 6~12장이 어긋나며, 넓은 피침형이고, 가운데 부분의 잎이 가장 크다. 꽃은 줄기 끝에 총상 꽃차례로 10개쯤이 옆을 향해 달리며, 노란색이 도는 갈색이다. 포엽은 피침형이다. 아랫입술꽃잎은 길이가 윗입술꽃잎의 2배쯤이다. 열매는 삭과이다.

| 1 | 2 | 3 | 4 | 5 | 6 | 7 | 8 | 9 | 10 | 11 | 12 |

1993. 8. 14. 제주도

붉은사철란 | 난초과

Goodyera macrantha Maxim.

뿌리는 끈 모양이며 굵고 짧다. 줄기는 아래쪽이 옆으로 뻗고, 높이 4~10cm이다. 잎은 3~4장이 어긋나며, 난형이고, 회색빛이 도는 녹색 바탕에 흰 무늬가 있다. 꽃은 줄기 끝에 1~6개씩 달리며, 긴 통 모양, 길이는 2.5~3.0cm, 붉은빛이 조금 도는 흰색이다. 꽃받침은 선형, 곁꽃잎과 같은 모양이다. 입술꽃잎은 뒤로 젖혀진다. 열매는 삭과이다.

◆ 분포 / 남부 지방
◆ 생육지 / 숲 속
◆ 출현 빈도 / 드묾
◆ 생활형 / 늘푸른여러해살이풀
◆ 개화기 / 7월 하순~8월 하순
◆ 결실기 / 9~11월
◆ 참고 / 꽃과 잎이 모두 아름다워 관상 가치가 높다.

| 1 | 2 | 3 | 4 | 5 | 6 | 7 | 8 | 9 | 10 | 11 | 12 |

미종자목 (Microspermae)

1992. 8. 5. 한라산

◆ 분포 / 전국
◆ 생육지 / 양지바른 풀밭
◆ 출현 빈도 / 드묾
◆ 생활형 / 여러해살이풀
◆ 개화기 / 7월 중순~9월
　초순
◆ 결실기 / 9~10월
◆ 참고 / 꽃의 모양이 잠자리
　를 닮았다 하여 이 같은
　이름이 붙여졌다.

잠자리난초 | 난초과

Habenaria linearifolia Maxim.

　줄기는 곧추서며, 높이는 40~70cm이다.
잎은 줄기 가운데에 큰 잎이 몇 장 어긋나고,
위쪽에는 작은 잎이 있다. 꽃은 줄기 끝에 총
상 꽃차례로 달리며, 흰색이다. 꽃받침잎은 꽃
잎 같다. 위꽃받침잎은 곧추서며, 곁꽃받침잎
은 벌어진다. 곁꽃잎은 곧추서며, 입술꽃잎은
십자가 모양이고, 녹색이다. 거(距)는 선형, 끝
으로 갈수록 차츰 굵어진다. 열매는 삭과이다.

| 1 | 2 | 3 | 4 | 5 | 6 | 7 | 8 | 9 | 10 | 11 | 12 |

1992. 6. 14. 한라산

옥잠난초 | 난초과

Liparis kumokiri F. Maek.

위인경(僞鱗莖)은 보통 땅 위에 나와 마른 잎자루로 덮여 있고, 그 밑에서 수염뿌리가 난다. 줄기는 높이 15~30cm이다. 잎은 지난해 위인경 옆에서 2장이 나며, 타원형, 길이 5~15cm, 너비 2.5~5.0cm, 가장자리가 물결 모양이다. 꽃은 줄기 끝에 총상 꽃차례로 5~15개가 달리며, 연한 녹색이다. 입술꽃잎은 끝이 뒤로 급하게 구부러지고, 끝이 보통 자른 것처럼 납작하다. 열매는 삭과이다.

◆ 분포 / 전국
◆ 생육지 / 숲 속
◆ 출현 빈도 / 비교적 흔함
◆ 생활형 / 여러해살이풀
◆ 개화기 / 5월 중순~7월 초순
◆ 결실기 / 7~9월
◆ 참고 / '나리난초'는 꽃이 조금 일찍 피며, 입술꽃잎이 둥근 난형으로 더 크고, 입술꽃잎의 끝이 납작하게 되지 않으므로 다르다.

| 1 | 2 | 3 | 4 | 5 | 6 | 7 | 8 | 9 | 10 | 11 | 12 |

1992. 7. 13. 제주도

◆ 분포 / 남부 지방
◆ 생육지 / 나무 줄기 또는 바위 겉
◆ 출현 빈도 / 매우 드묾
◆ 생활형 / 늘푸른여러해살이풀
◆ 개화기 / 6월 하순~7월 하순
◆ 결실기 / 9~11월
◆ 참고 / 무분별한 채취로 멸종 위기를 맞고 있다.

풍란 | 난초과

Neofinetia falcata (Thunb.) Hu

뿌리는 노끈 모양이다. 줄기는 짧다. 잎은 2줄로 나며, 아래쪽이 포개지고, 넓은 선형이다. 꽃은 아래쪽 잎겨드랑이에 난 꽃줄기 끝에 3~5개가 달리며, 흰색이고, 향기가 있다. 포엽은 피침형이고, 꽃받침과 곁꽃잎은 선상 피침형이다. 입술꽃잎은 뒤로 젖혀진다. 거(距)는 밑으로 처지고, 조금 휘어진다. 열매는 삭과이다.

| 1 | 2 | 3 | 4 | 5 | 6 | 7 | 8 | 9 | 10 | 11 | 12 |

1992. 7. 9. 한라산

큰방울새란 | 난초과

Pogonia japonica Rchb. fil.

수염뿌리는 노끈 모양이고 옆으로 뻗는다. 줄기는 곧추서며, 높이는 15~30cm이다. 잎은 줄기 가운데에 1장이 달리며, 비스듬하게 선다. 꽃은 줄기 끝에 1개씩 달리며, 붉은 보라색이고, 조금 벌어진다. 포엽은 잎 모양이며, 씨방보다 길다. 꽃받침은 3장으로 꽃잎처럼 보인다. 꽃잎은 긴 타원형, 입술꽃잎은 꽃받침과 길이가 비슷하다. 열매는 삭과이다.

◆ 분포 / 전국
◆ 생육지 / 양지바른 습지
◆ 출현 빈도 / 비교적 드묾
◆ 생활형 / 여러해살이풀
◆ 개화기 / 5월 중순~7월 중순
◆ 결실기 / 8~10월
◆ 참고 / '방울새란'에 비해 전체가 크고, 꽃이 조금 더 벌어지므로 구분할 수 있다.

| 1 | 2 | 3 | 4 | 5 | 6 | 7 | 8 | 9 | 10 | 11 | 12 |

2002. 8. 1. 전라남도 해남

◆ 분포 / 남부 지방
◆ 생육지 / 나무 줄기 또는 바위 겉
◆ 출현 빈도 / 매우 드묾
◆ 생활형 / 늘푸른여러해살이풀
◆ 개화기 / 7월 중순~8월 하순
◆ 결실기 / 9~11월
◆ 참고 / 줄기에 잎이 붙은 모양이 기어가는 지네를 닮았다 하여 이 같은 이름이 붙여졌다.

지네발란 | 난초과

Sarcanthus scolopendrifolius Makino

줄기는 가늘고 길게 뻗으며, 가지가 갈라진다. 줄기 곳곳에서 굵은 뿌리가 나온다. 잎은 2줄로 어긋나며, 가죽질, 앞면에 홈이 있다. 꽃은 잎겨드랑이에서 1개씩 피며, 연분홍색이다. 꽃받침은 긴 타원형이며, 끝이 둔하다. 꽃잎은 꽃받침과 비슷한 모양이나 조금 짧다. 입술꽃잎은 아래쪽이 짧은 거(距)가 되며, 가운데 갈래는 삼각상 난형이다. 열매는 삭과이다.

1	2	3	4	5	6	7	8	9	10	11	12

1985. 7. 20. 제주도

나도풍란 | 난초과

Sedirea japonica (Lindenb. et Rchb. fil.) Garay et Sweet

공기뿌리는 녹색이 돈다. 줄기는 짧고, 비스듬히 선다. 잎은 3~5장이 어긋나며, 긴 타원형이고, 길이는 8~15cm이다. 잎 앞면은 진한 녹색이고 윤기가 있다. 꽃은 줄기 옆에서 난 꽃대 끝에 5~10개가 총상 꽃차례로 달리며, 붉은색이 도는 흰색이다. 포엽은 난형이다. 꽃받침은 긴 타원형이다. 거(距)는 밑에서 앞을 향해 휘어진다. 열매는 삭과이다.

◆ 분포 / 남부 지방
◆ 생육지 / 나무 줄기 또는 바위 곁
◆ 출현 빈도 / 매우 드묾
◆ 생활형 / 늘푸른여러해살이풀
◆ 개화기 / 7월 하순~8월 중순
◆ 결실기 / 9~11월
◆ 참고 / 무분별한 채취 때문에 절멸 상태에 이르러, 자생지가 발견되지 않고 있다.

| 1 | 2 | 3 | 4 | 5 | 6 | 7 | 8 | 9 | 10 | 11 | 12 |

부 록

식물 용어 해설

ㄱ

각과(角果) 익으면 벌어지는 마른 열매의 하나. 얇은 막으로 구분되는 2개의 세포로 되어 있으며, 길이가 너비의 두 배 이하로 짧다. 십자화과의 말냉이속과 다닥냉이속 식물에서 볼 수 있다.

거(距) 꽃잎 또는 꽃받침이 꽃 뒤쪽으로 새의 부리처럼 길게 나온 것. 보통 안에 꿀이 들어 있다. 현호색, 제비고깔, 제비꽃 등에서 볼 수 있다. 꽃뿔이라고도 한다.

견과(堅果) 껍질이 단단하여 다 익어도 벌어지지 않는 열매. 참나무속, 밤나무속 식물에서 볼 수 있다.

겹산방 꽃차례 산방 꽃차례가 몇 개 모여서 이루어진 꽃차례. 복산방 화서(複繖房花序)라고도 한다.

겹산형 꽃차례 산형 꽃차례가 몇 개 모여서 이루어진 꽃차례. 복산형 화서(複繖形花序)라고도 한다.

겹잎 작은잎 여러 장으로 이루어진 잎. 복엽(複葉)이라고도 한다.

겹총상 꽃차례 총상 꽃차례가 몇 개 모여서 이루어진 꽃차례. 복총상 화서(複總狀花序)라고도 한다.

곁꽃잎 난초과 및 제비꽃과 식물의 꽃잎 가운데 옆으로 벌어지는 2개. 측화판(側花瓣)이라고도 한다.

골돌(蓇葖) 열매의 종류 가운데 하나. 심피가 융합된 봉합선이 터져서 씨앗이 나온다. 매발톱꽃, 너도바람꽃, 조팝나무 등에서 볼 수 있다.

관모(冠毛) 민들레, 엉겅퀴 같은 국화과 식물의 열매 끝부분에 달린 우산 모양의 털. 꽃받침이 변한 것으로 씨앗이 멀리 날아갈 수 있도록 한다.

관상화(管狀花) 국화과 식물의 두상화를 이루는, 관 모양으로 생긴 꽃. 설상화에 비해서 꽃잎이 길게 발달하지 않는다.

권산 꽃차례 꽃이 한쪽 방향으로 달리며, 끝이 나선상으로 둥그렇게 말리는 꽃차례. 컴프리 등에서 볼 수 있다. 권산 화서(卷繖花序)라고도 한다.

귀화 식물 사람의 활동에 의해 외국에서 들어온 후에 스스로 번식하며 사는 식물. 미국자리공, 돼지풀 등이 그 예이다.

기는줄기 땅 위로 뻗는 줄기. 딸기, 벋음씀바귀, 달뿌리풀 등에서 볼 수 있다. 포복경(匍匐莖)이라고도 한다.

기생 식물 다른 식물에 붙어 기생 생활을 하는 식물. 겨우살이처럼 엽록소가 있어서 광합성을 하는 것과 초종용, 으름난초처럼 엽록소가 없는 것이 있다.

기판(旗瓣) 콩과 식물의 꽃잎 가운데서 가장 크고 위쪽에 달려 있는 것. 받침 꽃잎이라고도 한다.

깃꼴겹잎 잎자루의 연장부 좌우 양쪽에 두 쌍 이상의 작은잎이 배열하여 새의 깃털 모양을 이룬 잎. 우상복엽(羽狀複葉)이라고도 한다.

꽃대 독립된 하나의 꽃 또는 꽃차례의 여러 개 꽃을 달고 있는 줄기. 이 책에서는 뒤엣것의 경우에 이 용어를 주로 사용했다. 꽃차례에서 각각의 꽃은 꽃자루에 의해서 꽃대와 연결된다. 화경(花梗)이라고도 한다.

꽃받침 꽃잎 바깥쪽에 있는 꽃의 기관. 꽃잎, 암술, 수술과 함께 꽃의 중요 기관 가운데 하나이며, 암술과 수술을 보호하는 역할을 한다.

꽃받침잎 꽃받침을 이루는 조각. 꽃받침이 몇 개의 조각으로 서로 떨어져 있거나 뚜렷하게 갈려진 경우에 쓰는 용어이다. 꽃받침 조각 또는 악편(萼片)이라고도 한다.

꽃밥 꽃가루주머니. 수술을 이루는 기관으로, 보통은 수술대 끝에 붙어 있다. 약(葯)이라고도 한다.

꽃잎 꽃받침 안쪽에 있는 조각. 화관이 갈라져서 조각들이 서로 떨어져 있을 때 사용하는 용어이다. 화판(花瓣)이라고도 한다.

꽃자루 꽃차례에서 각각의 꽃을 받치고 있는 자루. 꽃꼭지 또는 소화경(小花梗)이라고도 한다.

꽃줄기 꽃을 피우기 위해 뿌리에서 바로 올라온 원줄기. 잎이 달리지 않는다. 매미꽃, 민들레, 붓꽃 등에서 볼 수 있다.

꽃차례 꽃이 줄기나 가지에 배열되는 모양, 또는 배열되어 있는 줄기나 가지 그 자체. 화서(花序)라고도 한다.

꿀샘 꽃이나 잎에서 단물을 내는 조직 또는 기관. 밀선(蜜腺)이라고도 한다.

ㄴ

난형(卵形) 달걀처럼 생긴 모양. 달걀꼴. 잎, 꽃잎, 꽃받침, 열매 등의 모양을 나타낸다.

ㄷ

다육질(多肉質) 잎, 줄기, 열매에 즙이 많은 것

단체 웅예(單體雄蕊) 수술이 모두 합쳐져서 하나의 몸으로 된 수술. 아욱, 무궁화 등에서 볼 수 있다.

덧꽃받침 꽃받침 아래쪽에 있는 포엽이 꽃받침 모양으로 된 것. 뱀딸기, 양지꽃 등에서 볼 수 있다. 부악(副萼)이라고도 한다.

덩굴나무 덩굴지어 자라는 나무. 만경 식물(蔓莖植物)이라고도 한다.

덩굴손 덩굴지어 자라는 나무나 풀에서 식물체를 다른 물체에 고정시키는 역할을 하는 기관. 잎, 잎자루, 턱잎, 가지 등이 변해서 생긴다.

덩이뿌리 덩이 모양으로 된 뿌리. 만주바람꽃, 고구마 등에서 볼 수 있으며, 영양분을 저장하기 위한 기관이다. 괴근(塊根)이라고도 한다.

덩이줄기 덩이 모양으로 된 땅속줄기. 감자, 현호색 등에서 볼 수 있다. 줄기가 가지고 있어야 하는 잎, 마디, 싹눈 등이 변형된 형태를 갖추고 있다. 괴경(塊莖)이라고도 한다.

도란형(倒卵形) 달걀을 거꾸로 세운 모양. 거꿀 달걀꼴이라고도 한다.

도피침형(倒披針形) 피침형이 뒤집혀진 모양. 잎의 모양을 나타낸다.

돌려나기 하나의 마디에 3개 이상의 잎, 줄기, 꽃이 바퀴 모양으로 나는 것. 윤생(輪生)이라고도 한다.

두상 꽃차례 여러 개의 꽃이 꽃대 끝에 모여 머리 모양을 이루어 한 송이의 꽃처럼 보이는 꽃차례. 두상 화서(頭狀花序)라고도 한다.

두상화(頭狀花) 꽃대 끝의 둥근 판 위에 꽃자루가 없는 작은 꽃이 많이 모여 달려서 머리 모양처럼 된 꽃. 민들레, 국화 등에서 볼 수 있다.

두해살이풀 싹이 나서 꽃이 피고 지는 데까지 2년이 걸리는 식물. 2년초(二年草)라고도 한다.

땅속줄기 땅 속에 있는 여러 종류의 줄기를 모두 이르는 말. 지하경(地下莖)이라고도 한다.

떨기나무 높이가 0.7~2m에 이르며, 가지가 많이 갈라지는 나무. 만병초, 들쭉나무, 호자나무 등이 그 예이다. 관목(灌木)이라고도 한다.

ㅁ

마주나기 잎이 하나의 마디에 2개가 마주 붙어 남. 대생(對生)이라고도 한다.

막질(膜質) 막으로 된 성질 또는 그러한 물질. 잎이나 포(苞)의 질감을 나타낸다.

맥(脈) 잎 또는 열매에 영양분과 수분을 공급하는 유관속. 보통 도드라진 형태를 하고 있다.

모여나기 잎이나 줄기가 한 곳에서 여러 개가 더부룩하게 나는 것. 총생(叢生)이라고도 한다.

무성지(無性枝) 꽃이 피지 않는 줄기. 괭이눈속 식물 등에서 볼 수 있다.

미상 꽃차례 꽃자루가 거의 없는 암꽃 또는 수꽃이 모여 이삭 꽃차례 모양을 이룬 꽃차례. 버드나무, 졸참나무, 밤나무, 개암나무 등에서 볼 수 있다.

ㅂ

배상 꽃차례 대극속 식물에서 볼 수 있는 특수한 꽃차례. 술잔 모양의 총포 안에 많은 수꽃이 있고, 1개의 암꽃은 밖으로 길게 나온다. 배상 화서(杯狀花序)라고도 한다.

별 모양 털 방사상으로 가지가 갈라져서 별 모양으로 된 털. 성상모(星狀毛)라고도 한다.

부속체(附屬體) 꽃잎, 꽃받침, 총포 조각 등에 덧붙어 있는 부분. 부속물이라고도 한다.

부화관(副花冠) 화관과 수술 사이에 만들어진 화관 모양의 부속체. 수선화에서 볼 수 있다. 덧꽃부리라고도 한다.

분과(分果) 한 씨방에서 만들어지지만, 서로 분리된 2개 이상의 열매로 발달하는 열매. 산형과 식물에서 주로 볼 수 있다. 분열과(分裂果)라고도 한다.

불염포(佛焰苞) 육수 꽃차례를 싸고 있는 포. 앉은부채, 반하, 토란 등 천남성과 식물에서 볼 수 있다.

비늘잎 비늘 조각처럼 납작한 모양의 작은 잎. 측백나무속, 편백나무속, 현호색속 등에서 볼 수 있다. 인엽(鱗葉)이라고도 한다.

비늘줄기 땅속줄기의 하나로서, 짧은 줄기 둘레에 양분을 저장하여 두껍게 된 잎이 많이 겹쳐 구형, 타원형, 난형을 이룬 것. 양파, 산달래, 말나리 등에서 볼 수 있다. 인경(鱗莖)이라고도 한다.

뿌리잎 뿌리에서 돋아난 잎. 근출엽(根出葉) 또는 근생엽(根生葉)이라고도 한다.

뿌리줄기 땅 속에서 뿌리처럼 뻗는 땅속줄기의 한 종류. 줄기가 변형된 것으로서 마디에서 뿌리가 나며, 끝부분에서 새 줄기가 돋기도 하므로 무성 생식의 한 방법이 된다. 근경(根莖)이라고도 한다.

사강 웅예(四强雄蕊) 6개 가운데 2개는 짧고 4개는 긴 수술. 십자화과 식물의 꽃에서 볼 수 있다.

삭과(蒴果) 익으면 열매 껍질이 말라 쪼개지면서 씨를 퍼뜨리는, 여러 개의 씨방으로 된 열매

산방 꽃차례 꽃차례의 아래쪽 꽃은 꽃자루가 길고 위쪽 꽃은 꽃자루가 짧아서 서로 같은 높이에서 피는 꽃차례. 산방 화서(繖房花序)라고도 한다.

샘털 분비물을 내는 털. 열매, 잎, 꽃받침, 꽃자루, 어린 가지 등에서 볼 수 있으며, 보통 끝에 분비물을 저장하고 있다. 선모(腺毛)라고도 한다.

생식엽(生殖葉) 고비, 꿩고비 등에서 볼 수 있는, 포자낭이 달리는 잎. 오로지 생식만을 위한 잎으로서 영양엽과 구분된다.

생식 줄기 쇠뜨기에서 볼 수 있는 포자낭수가 달리는 줄기. 엽록소가 없으며, 생식 후에는 스러진다. 생식경(生殖莖)이라고도 한다.

선형(線形) 선처럼 가늘고 긴 모양. 길이가 너비보다 4배 이상 길다. 잎, 꽃받침잎, 포엽 등의 형태를 말한다.

설상화(舌狀花) 관상화와 함께 두상화를 이루는, 화관이 혀처럼 길쭉한 꽃

소견과(小堅果) 견과처럼 생긴 작은 열매. 지치, 꽃마리, 금창초 등에서 볼 수

있다.

수과(瘦果) 씨앗이 하나 들어 있으며, 익어도 벌어지지 않는 열매

수꽃 수술은 완전하지만 암술은 없거나 흔적만 있는 꽃

수술 꽃밥과 수술대로 이루어진 꽃의 중요 기관 가운데 하나. 웅예(雄蕊)라고도 한다.

수술대 꽃밥과 함께 수술을 이루는 기관. 꽃실 또는 화사(花絲)라고도 한다.

수염뿌리 곧은뿌리와 곁뿌리가 구분되지 않는 가느다란 뿌리

시과(翅果) 열매 껍질이 자라서 날개처럼 되어 바람에 흩어지기 편리하게 된 열매. 단풍나무, 미선나무, 쇠물푸레 등에서 볼 수 있다.

신장형(腎臟形) 콩팥 모양. 세로보다 가로가 길고 밑이 들어간 잎의 모양

심장형(心臟形) 염통 모양. 밑이 심장 모양으로 된 넓은 난형의 잎의 모양

씨방 암술대 밑에 붙은 통통한 주머니 모양의 부분. 그 속에 밑씨가 들어 있다. 자방(子房)이라고도 한다.

ㅇ

아랫입술 설상화의 아래쪽 갈래. 하순(下脣)이라고도 한다.

알줄기 땅속줄기의 하나. 양분을 많이 저장하여 살이 쪄서 공 모양을 이룸. 토란, 천남성에서 볼 수 있다. 구경(球莖)이라고도 한다.

암꽃 암술만 있고 수술이 없는 꽃

암수 딴그루 나무 가운데 암꽃과 수꽃이 각각 다른 그루에 피는 것을 일컫는 말. 자웅이주(雌雄異株) 또는 자웅이가(雌雄二家)라고도 한다.

암수 딴포기 풀 가운데 암꽃과 수꽃이 각각 다른 포기에 피는 것을 일컫는 말. 자웅이주(雌雄異株) 또는 자웅이가(雌雄二家)라고도 한다.

암술 씨방, 암술대, 암술머리로 이루어진 꽃의 중요 기관 가운데 하나. 자예(雌蕊)라고도 한다.

암술대 씨방에서 암술머리까지의 부분. 보통은 가늘고 길다. 화주(花柱)라고도 한다.

암술머리 꽃가루받이가 일어나는 암술의 끝부분. 주두(柱頭)라고도 한다.

양성꽃 암술과 수술을 모두 갖춘 꽃. 양성화(兩性花) 또는 구비화(具備花)라

고도 한다.

어긋나기 잎이나 가지가 마디마다 방향을 달리하여 어긋매껴 나는 것. 호생 (互生)이라고도 한다.

여러해살이풀 여러 해 동안 사는 풀. 겨울에는 땅 위의 부분이 죽지만 봄이 되면 다시 싹이 돋아난다. 다년초(多年草)라고도 한다.

엽초(葉鞘) 잎자루가 칼잎 모양으로 되어 줄기를 싸고 있는 것. 잎집이라고도 한다.

영양엽(營養葉) 고비, 꿩고비 등에서 볼 수 있는 녹색의 잎으로 광합성을 하는 잎. 포자를 만드는 생식엽과 구분된다.

영양 줄기 쇠뜨기에서 볼 수 있는 녹색의 줄기. 포자낭이 달리지 않으며, 엽록소가 있어 광합성을 한다. 영양경(營養莖)이라고도 한다.

원추 꽃차례 주축에서 갈라져 나간 가지가 총상 꽃차례를 이루어 전체가 원뿔 모양이 되는 꽃차례. 주축의 아래쪽 가지는 크고 길며, 위로 갈수록 작아지므로 전체가 원뿔 모양이 된다. 원추 화서(圓錐花序)라고도 한다.

원형(圓形) 둥근 모양. 잎을 비롯하여 여러 기관의 형태를 나타낸다.

윗입술 설상화의 위쪽 갈래. 상순(上脣)이라고도 한다.

육수 꽃차례 육질의 꽃대 주위에 꽃자루가 없는 작은 꽃이 많이 달리는 꽃차례. 천남성과 식물에서 볼 수 있다. 육수 화서(肉穗花序)라고도 한다.

육아(肉芽) 잎겨드랑이에 생기는 다육질의 눈. 어미 식물에서 쉽게 땅에 떨어져서 무성적으로 새 개체가 된다. 참나리, 마, 말똥비름 등에서 볼 수 있다. 살눈 또는 주아(珠芽)라고도 한다.

이과(梨果) 꽃턱이나 꽃받침통이 다육질의 살로 발달하여, 응어리가 된 씨방과 그 안쪽의 씨앗을 싸고 있는 열매. 배, 사과에서 볼 수 있다.

이삭 꽃차례 1개의 긴 꽃대 둘레에 꽃자루가 없는 여러 개의 꽃이 이삭 모양으로 피는 꽃차례. 수상 화서(穗狀花序)라고도 한다.

익판(翼瓣) 콩과 식물의 나비 모양 꽃에서 양쪽에 있는 두 장의 꽃잎. 날개꽃 잎이라고도 한다.

입술꽃잎 난초과 또는 제비꽃과 식물의 꽃잎 가운데 입술처럼 생긴 아래쪽의 것. 난초과에서는 순판(脣瓣)이라고도 한다.

잎 가장자리 잎의 변두리 부분. 엽연(葉緣)이라고도 한다.

잎겨드랑이 줄기나 가지에 잎이 붙는 부분. 엽액(葉腋)이라고도 한다.

잎자루 잎을 가지나 줄기에 붙게 하는 꼭지 부분. 잎꼭지 또는 엽병(葉柄)이라고도 한다.

잎줄기 겹잎의 주축을 이루는 줄기. 이 줄기에 작은잎이 달린다. 엽축(葉軸)이라고도 한다.

ㅈ

작은잎 겹잎을 이루는 각각의 잎. 소엽(小葉)이라고도 한다.

작은키나무 키나무 가운데 키가 작은 것으로서 높이 2~8m에 이르는 나무. 떨기나무와 큰키나무의 중간 높이로 자란다. 아교목(亞喬木)이라고도 한다.

잡성(雜性) 하나의 식물체에 양성꽃과 암꽃, 수꽃이 함께 달리는 것. 산뽕나무, 느티나무 등에서 볼 수 있다.

장각과(長角果) 익으면 벌어지는 마른 열매의 하나. 얇은 막으로 구분되는 2개의 세포로 되어 있으며, 길이가 너비의 두 배 이상으로 길다. 십자화과의 장대나물, 는쟁이냉이 등에서 볼 수 있다.

장과(漿果) 살과 물이 많고 속에 씨가 여러 개 들어 있는 열매. 산앵도나무, 포도, 까마중 등이 그 예이다.

장미과(薔薇果) 장미속 식물의 열매. 꽃턱이 둥글게 다육질로 커졌으며, 내부에 씨앗처럼 보이는 것이 각각 수과의 열매이다.

줄기껍질 나무의 껍질. 수피(樹皮)라고도 한다.

줄기잎 줄기에서 돋아난 잎. 경생엽(莖生葉)이라고도 한다.

중록 잎 가운데에 있는 큰 잎줄

집합과(集合果) 빽빽하게 달린 꽃들의 씨방이 각각 성숙하여 모여 달리는, 물기가 많은 열매. 취과는 하나의 꽃에서 열리는 것이므로 다르다. 뽕나무, 산뽕나무 등이 그 예이다.

ㅊ

총상 꽃차례 긴 꽃대에 꽃자루가 있는 여러 개의 꽃이 어긋나게 붙어서 밑에서부터 피기 시작하는 꽃차례. 총상 화서(總狀花序)라고도 한다.

총포(總苞) 꽃이나 열매를 둘러싸고 있는 잎이 변형된 조각 또는 조각들. 개암나무 등의 열매를 싸고 있다.

취과(聚果) 심피나 화탁이 다육질로 되고, 그 위에 작은 핵과가 많이 달리는 열매. 산딸기속 식물에서 볼 수 있다.

취산 꽃차례 유한 꽃차례의 하나. 먼저 꽃대의 끝에 꽃이 한 송이 피고, 그 밑의 가지 끝에 다시 꽃이 피며, 거기서 다시 가지가 갈라져 끝에 꽃이 핀다. 취산 화서(聚繖花序)라고도 한다.

ㅋ

큰키나무 높이 8m 이상 되는 나무. 키나무 또는 교목(喬木)이라고도 한다.

ㅌ

타원형 위쪽과 아래쪽의 길이는 비슷하고 가운데가 가장 넓은 모양. 길이는 너비의 2배 이상이다.

턱잎 잎자루 밑에 쌍으로 난 부속체. 보통 잎 모양이며, 서로 붙어 있다. 탁엽(托葉)이라고도 한다.

톱니 잎의 가장자리가 톱날처럼 된 부분. 거치(鋸齒)라고도 한다.

특산 식물(特産植物) 어느 지방에서만 특별하게 자라는 식물. 고유 식물이라고도 한다.

ㅍ

포엽(苞葉) 꽃 밑에 달리는 잎 모양의 부속체로 꽃을 보호하는 역할을 하는 경우가 많으며, 잎이 변해서 된 것이다. 뚜렷하게 잎 모양을 하고 있는 포(苞)로서 포잎이라고도 한다.

포자낭(胞子囊) 포자를 싸고 있는 주머니 모양의 기관

포자낭군(胞子囊群) 포자낭 여러 개가 함께 모여 있는 것. 낭퇴(囊堆)라고도 한다.

포자낭수(胞子囊穗) 주축에 여러 개의 포자낭이 가까이 모여 이삭 모양으로

된 것. 쇠뜨기, 석송 등에서 볼 수 있다.

피침형(披針形) 밑부분이 가장 넓은, 좁고 긴 모양

한국 특산 식물(韓國特産植物) 지구상에서 우리 나라에만 분포하는 식물

한해살이풀 봄에 싹이 터서 꽃이 피고 열매가 맺은 후 그 해 가을에 말라 죽는 풀. 1년초(一年草)라고도 한다.

핵과(核果) 살이 발달하며, 씨가 단단한 핵으로 싸여 있는 열매. 복숭아나무, 살구나무 등에서 볼 수 있다.

헛수술 생식력이 없는 수술. 의웅예(疑雄蕊)라고도 한다.

협과(莢果) 콩과 식물의 열매. 하나의 심피로 되어 있으며, 익으면 두 줄로 터져서 씨앗이 튀어나온다.

홀수깃꼴겹잎 끝부분에 짝이 없는 작은잎이 한 장 있는 깃꼴겹잎. 아까시나무, 옻나무 등에서 볼 수 있다. 기수우상복엽(奇數羽狀複葉)이라고도 한다.

홑잎 한 장의 잎사귀로 된 잎. 단엽(單葉)이라고도 한다.

화관(花冠) 꽃 한 송이의 꽃잎 전체를 이르는 말. 이 책에서는 주로 꽃잎이 서로 붙어 있는 꽃을 설명할 때 사용하였다. 꽃부리라고도 한다.

화피(花被) 꽃잎과 꽃받침이 서로 비슷하여 구별하기 어려울 때 이들을 모두 합쳐 이르는 말. 꽃덮이라고도 한다.

식물 용어 도해

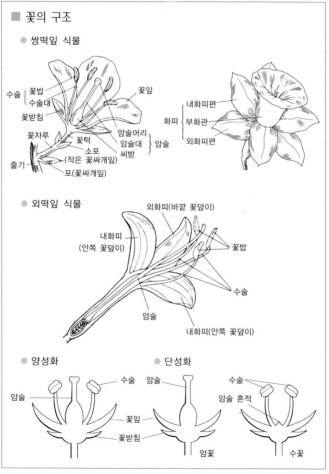

■ 꽃의 구조

● 쌍떡잎 식물

수술 { 꽃밥
      수술대
꽃받침
꽃자루
       꽃턱
       소포
       (작은 꽃싸개잎)
줄기
       포(꽃싸개잎)

꽃잎
암술머리
암술대 } 암술
씨방

내화피편
화피 { 부화관
외화피편

● 외떡잎 식물

외화피(바깥 꽃덮이)
내화피
(안쪽 꽃덮이)
꽃밥
수술
암술
내화피(안쪽 꽃덮이)

● 양성화   ● 단성화

암술   수술   암술   수술
                                             암술 흔적
                 꽃잎
                 꽃받침
                            암꽃   수꽃

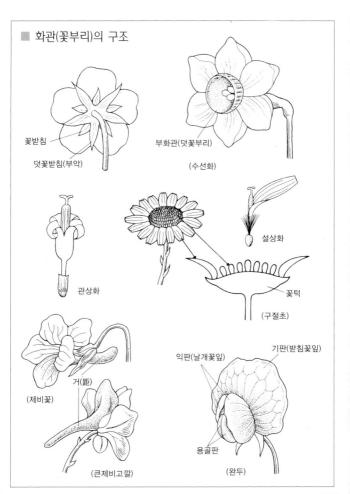

화관(꽃부리)의 구조

꽃받침

덧꽃받침(부악)

부화관(덧꽃부리)

(수선화)

관상화

설상화

꽃턱

(구절초)

거(距)

(제비꽃)

(큰제비고깔)

익판(날개꽃잎)

기판(받침꽃잎)

용골판

(완두)

■ 꽃차례(화서)의 종류

꽃자루
화축

총상 꽃차례(어긋나기)
(까치수염)

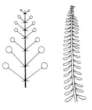

총상 꽃차례(마주나기)
(낭아초)

이삭 꽃차례
(질경이)

원추 꽃차례
(붉나무)

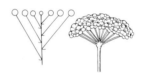

산방 꽃차례
(인가목조팝나무)

산형 꽃차례
(앵초)

겹산형 꽃차례
(당근)

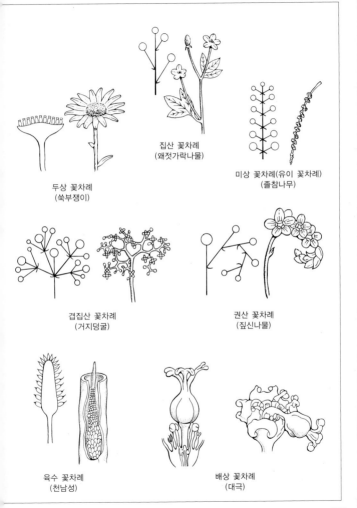

두상 꽃차례
(쑥부쟁이)

집산 꽃차례
(왜젓가락나물)

미상 꽃차례(유이 꽃차례)
(졸참나무)

겹집산 꽃차례
(거지덩굴)

권산 꽃차례
(짚신나물)

육수 꽃차례
(천남성)

배상 꽃차례
(대극)

■ 잎의 종류

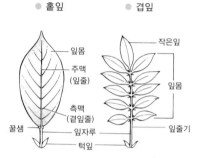

● 홑잎   ● 겹잎

잎몸
주맥
(잎줄)
측맥
(곁잎줄)
꿀샘
잎자루
턱잎

작은잎
잎몸
잎줄기

■ 잎의 나기

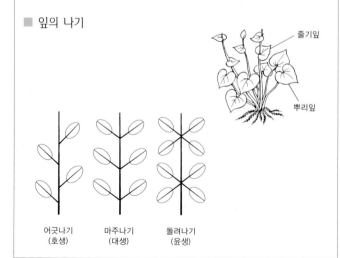

줄기잎

뿌리잎

어긋나기
(호생)

마주나기
(대생)

돌려나기
(윤생)

■ 잎의 모양

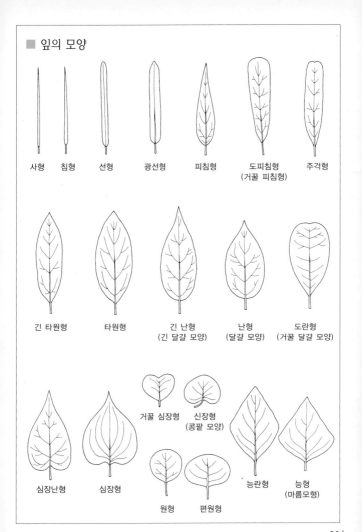

사형　침형　선형　광선형　피침형　도피침형
(거꿀 피침형)　주걱형

긴 타원형　타원형　긴 난형
(긴 달걀 모양)　난형
(달걀 모양)　도란형
(거꿀 달걀 모양)

거꿀 심장형　신장형
(콩팥 모양)

심장난형　심장형

원형　편원형

능란형　능형
(마름모형)

■ 줄기의 구조

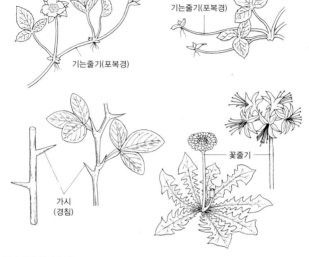

기는줄기(포복경)

기는줄기(포복경)

가시
(경침)

꽃줄기

■ 나무의 구분

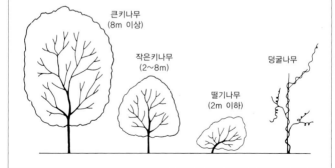

큰키나무
(8m 이상)

작은키나무
(2~8m)

떨기나무
(2m 이하)

덩굴나무

■ 땅속줄기(지하경)의 종류

● 뿌리줄기

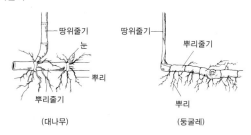

(대나무)　　　(둥굴레)

● 비늘줄기

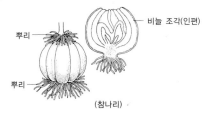

(참나리)

● 덩이줄기　　　● 알줄기

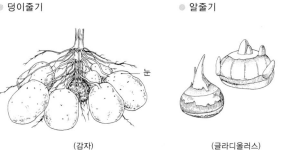

(감자)　　　(글라디올러스)

■ 열매의 종류

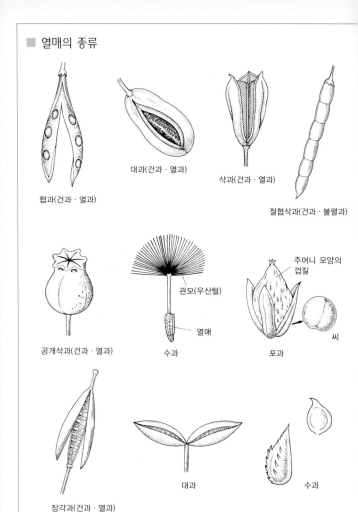

협과(건과 · 열과)

대과(건과 · 열과)

삭과(건과 · 열과)

절협삭과(건과 · 불렬과)

공개삭과(건과 · 열과)

수과

관모(우산털)

열매

주머니 모양의 껍질

씨

포과

장각과(건과 · 열과)

대과

수과

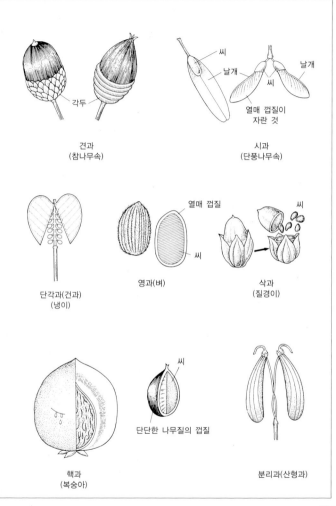

견과
(참나무속)

씨
날개
날개
씨
열매 껍질이
자란 것

시과
(단풍나무속)

단각과(건과)
(냉이)

열매 껍질
씨

영과(벼)

씨

삭과
(질경이)

핵과
(복숭아)

씨
단단한 나무질의 껍질

분리과(산형과)

우리말 이름 찾아보기

학명 찾아보기

Monotropa hypopithys L. • 154

Monotropa uniflora L. • 155

N

Neofinetia falcata (Thunb.) Hu • 271

Nuphar pumilum (Timm) DC. var. *ozeense* (Miki) H. Hara • 48

O

Oplopanax elatus (Nakai) Nakai • 145

Orobanche coerulescens Stephan ex Willd. • 211

Oxytropis anertii Nakai • 100

P

Paederia scandens (Lour.) Merr. • 190

Paliurus ramosissimus (Lour.) Poir. • 128

Papaver radicatum Rottb. var. *pseudo-radicatum* (Kitag.) Kitag. • 57

Patrinia rupestris (Pall.) Juss. • 222

Patrinia saniculaefolia Hemsl. • 223

Pedicularis hallaisanensis Hurus. • 205

Pedicularis resupinata L. • 206

Penthorum chinense Pursh • 70

Phacellanthus tubiflorus Siebold et Zucc. • 212

Phlomis umbrosa Turcz. • 201

Phyllodoce caerulea (L.) Bab. • 157

Picrasma quassioides (D. Don) Benn. • 120

Pogonia japonica Rchb. fil. • 272

Polygonatum sibiricum Redouté • 249

Polygonatum stenophyllum Maxim. • 250

Potentilla dickinsii Franch. et Sav. • 83

Potentilla fruticosa L. var. *rigida* (Wall.) Th. Wolf • 84

Pseudolysimachion insulare (Nakai) T. Yamaz. • 207

Pueraria lobata (Willd.) Ohwi • 108

R

Ranunculus japonicus Thunb. • 39

Reynoutria japonica Houtt. • 18

Rhaponticum uniflorum (L.) DC. • 236

Rhododendron aureum Georgi • 158

Rhododendron brachycarpum D. Don • 159

Rhododendron micranthum Turcz. • 160

Rhododendron parvifolium Adams var. *alpinum* Glehn • 161

Rhododendron redowskianum Maxim. • 162

Rhododendron tschonoskii Maxim. • 164

Rhus javanica L. • 121

Rodgersia podophylla A. Gray • 71

Rosa acicularis Lindl. • 85

Rosa davurica Pall. • 86

참고 문헌

• 김문홍. 1985. 제주식물도감. 제주도.
• 김수남, 이경서. 1997. 한국의 난초. 교학사.
• 김용원, 박재홍, 홍성천 등. 1998. 경상북도 자생식물도감. 그라피카.
• 문순화, 송기엽. 1995. 지리산의 꽃. 평화출판사.
• 문순화, 송기엽, 이경서, 신용만. 1996. 한라산의 꽃. 산악문화.
• 문순화, 송기엽, 이경서, 현진오. 1997. 설악산의 꽃. 교학사.
• 문순화, 송기엽, 현진오. 2001. 덕유산의 꽃. 교학사.
• 신현철. 1989. 한국산 수국과 식물의 종속지. 서울대학교 박사학위 논문.
• 심정기. 1998. 한국산 붓꽃과의 분류학적 연구. 고려대학교 박사학위 논문.
• 심정기, 고성철, 오병운 등. 2000. 한국관속식물 종속지(1). 아카데미 서적.
• 오용자, 현진오 등. 1998. 한국의 멸종 위기 및 보호 야생 동·식물. 교학사.
• 이상태. 1997. 한국식물검색집. 아카데미서적.
• 이영노. 1996. 원색 한국식물도감. 교학사.
• 이영노, 이경서, 신용만. 2001. 제주자생식물도감. 여미지.
• 이우철. 1996. 원색 한국기준식물도감. 아카데미서적.
• 이우철. 1996. 한국식물명고. 아카데미서적.
• 이창복. 1980. 대한식물도감. 향문사.
• 임록재. 1996~2000. 조선식물지(증보판). 1~9. 과학기술출판사.
• 정영호. 1989. 정영호식물학논선 제2집 한국고유식물지. 운초서사.
• 정영호. 1990. 정영호식물학논선 제4집 서울대식물표본목록. 운초 서사.
• 정태현. 1956~1957. 한국식물도감 상·하. 신지사.
• 최홍근. 1986. 한국산 수생관속식물지. 서울대학교 박사학위 논문.
• 현진오. 1988. 한국산 산앵도나무속 식물의 분류. 서울대학교 석사학 위 논문.

- 현진오. 1996. 꽃산행. 산악문화.
- 현진오. 1999. 아름다운 우리 꽃- 떨기 · 덩굴나무. 교학사.
- 현진오. 1999. 아름다운 우리 꽃- 여름. 교학사.
- 현진오. 2002. 한반도 보호 식물의 선정과 사례 연구. 순천향대학교 박사학위 논문.
- 현진오. 2003. 여름에 피는 우리 꽃 386. 신구문화사.
- Anonymous. 2003. Flora of China(internet web site). http://flora.huh.harvard.edu/china.
- Brummitt, R.K. and C.E. Powell(ed.). 1992. Authors of Plant Names. Royal Botanic Gardens, Kew.
- A. Engler. 1964. Syllabus der Pflanzenfamilien Ⅱ. Gebrüder Bornträger, Berlin-Nikolassee.
- Ohwi J. 1984. Flora of Japan. Smithsonian Institution, Washington D.C.
- Satake Y., J. Ohwi, S. Kitamura, S. Watari and T. Tominari(ed.). 1982. Wild Flowers of Japan. Herbaceous plants. vol. 1-3. Heibon-sha Ltd., Tokyo.
- Satake Y., H. Hara, S. Watari and T. Tominari(ed.). 1989. Wild Flowers of Japan. Woody plants. vol. 1-2. Heibonsha Ltd., Tokyo.

Kyo-Hak
Mini Guide 5

여름꽃 ✳

초판 발행/2004. 11. 30

지은이/문순화 · 현진오
펴낸이/양철우
펴낸곳/(주)교학사

기획/유홍희
편집/황정순 · 김천순
교정/차진승 · 하유미
장정/오흥환
원색 분해 · 인쇄/본사 공무부

| 저자와의 협의에 의해 검인 생략함 |

등록/1962. 6. 26.(18-7)
주소/서울 마포구 공덕동 105-67
전화/편집부 · 312-6685 영업부 · 717-4561~5
팩스/편집부 · 365-1310 영업부 · 718-3976
대체/012245-31-0501320
홈페이지/http://www.kyohak.co.kr

* 이 책에 실린 도판, 사진, 내용의 복사, 전재를 금함.

Wild Flowers - Summer
by Moon Soon Hwa · Hyun Jin Oh

Published by Kyo-Hak Publishing Co., Ltd., 2004
105-67, Gongdeok-dong, Mapo-gu, Seoul, Korea
Printed in Korea

ISBN 89-09-09798-1 96480